生命科學館

Life Science

洪蘭博士策劃

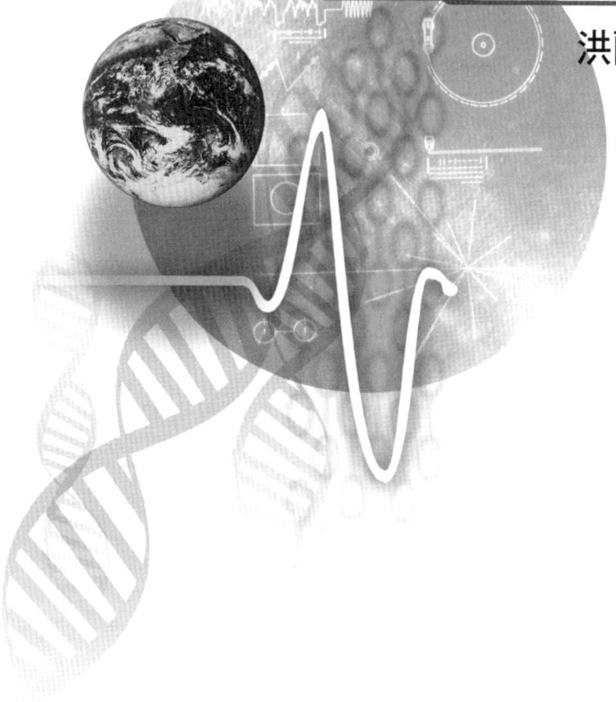

生命科學館 Life Science 36
洪蘭博士策劃

大腦當家 最新增訂版

12個讓大腦靈活的守則，工作學習都輕鬆有效率

作者／John Medina
譯者／洪蘭
主編／陳莉苓
責任編輯／郭曉燕

發行人／王榮文
出版發行／遠流出版事業股份有限公司
104005臺北市中山北路一段11號13樓
郵撥／0189456-1
電話／(02)2571-0297　傳真／(02)2571-0197
著作權顧問／蕭雄淋律師

2017年2月1日　二版一刷
2023年1月1日　二版七刷
售價新台幣**320**元（缺頁或破損的書，請寄回更換）

ISBN 978-957-32-7947-1
（英文版 ISBN 978-0-9832633-7-1）

ylib 遠流博識網
http://www.ylib.com
e-mail:ylib@ylib.com

| 最新增訂版 |

大腦當家

12個讓大腦靈活的守則，工作學習都輕鬆有效率

John Medina —— 著
洪蘭 —— 譯

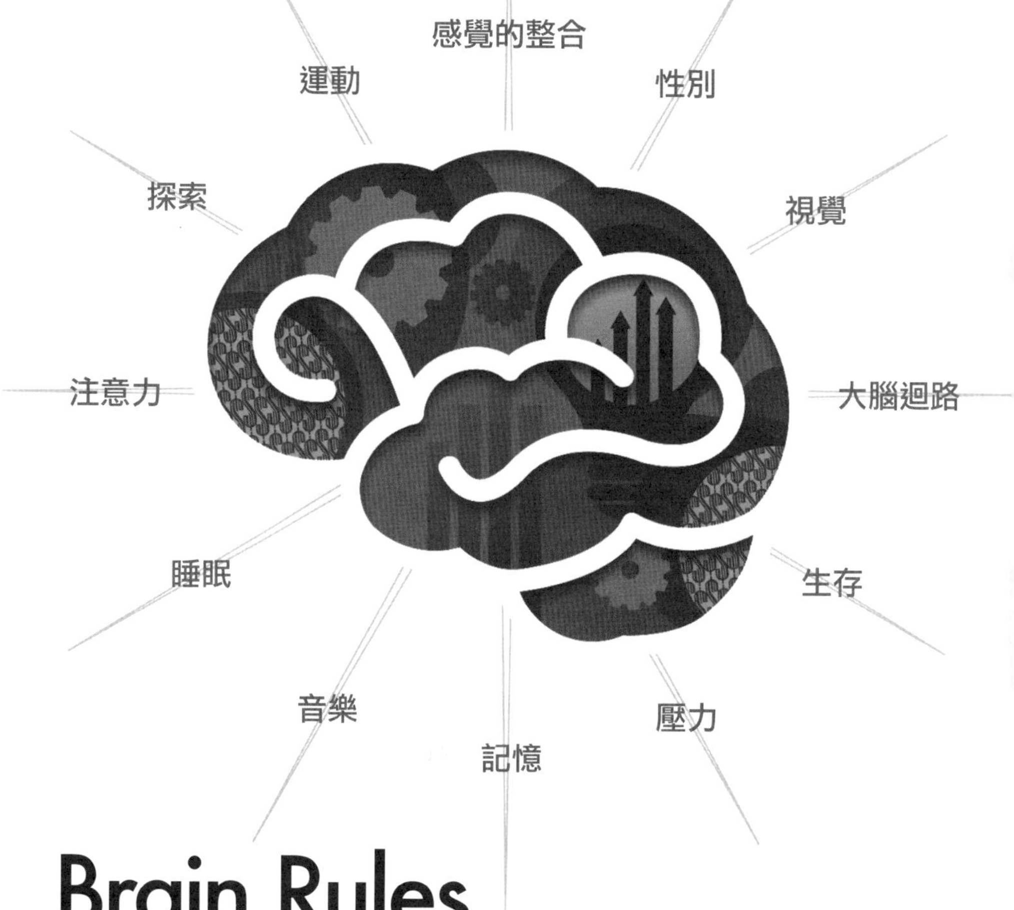

Brain Rules

12 Principles for Surviving and Thriving at Work, Home, and School

〈策劃緣起〉

迎接二十一世紀的生物科技挑戰

洪蘭

民國八年，五四運動的知識份子將「賽先生」（科學）與「德先生」（民主）並列，期能提升中國的科學水準。這近一百年來我們每天都在努力「迎頭趕上」，但是趕了快一百年，我們仍在追趕。在這個世紀末的今天，我們應該靜下來全盤檢討我們在科學（技）領域的優缺點，究竟該如何去迎接二十一世紀的科技挑戰，只有這樣的反省才能使我們跳離追趕的模式，創造出自己的前途。

二十一世紀是個生物科技的世紀，腦與心智的關係將是二十一世紀研究的主流，而基因工程的進步已經改變了我們對生命的定義及對生存的看法。翻開報紙，我們每天都看到有關生物科技的消息，但是我們對這方面的知識卻知道的不多，比如一九九九年十二月，全世界的報紙都以頭版的位置來發布科學家已經解讀出人體第二十二號染色體的新聞。這則新聞是什麼意思？人類基因圖譜有什麼重要性？為什麼要上頭版新聞？美國為什麼要花三十三億美金來破解基因圖譜？為什麼科學家認為完成這個基因圖譜是人類最重要的科學成就之一？它與你我的日常生活有什麼關係？市場上賣著「改良」的肉雞、水果，「改良」了什麼？與我們的健康有關嗎？

生物科技與基因工程已經靜悄悄地進入我們的生活中了，這些高科技知識已經逐漸從實驗室中的專業知識地位慢慢變成尋常百姓家的普通常識了。二十二號染色體上的基因與免疫功能、精神分裂症、心臟缺陷、智能不足（所謂的 Cat-eye 徵候群）及好幾種癌症（血癌、腦癌、骨癌、神經纖維癌）有關。我們都知道基因異常會引發疾病，部分與基因有關的疾病會惡化，包括癌症、關節炎、糖尿病、高血壓、老年癡呆症和多發性硬化症，我們在生活周遭隨便一看都會發現有得這些病的親友，這個知識對我們而言怎能說不重要呢？如果重要，為何我們回答不出上面的問題來？

台灣是個海島，幅地不大，但是二十一世紀國家的競爭力不在天然的物質資源而在人腦的知識資源上，人腦所開發出來的知識會是二十一世紀經濟的主要動力。我們看到在人類的進化史上，獸力代替人力，機械又替代了獸力，科技的創新造成了二十世紀的經濟繁榮，我們把台灣稱為科技島，但是政府對知識並未真正的重視，每次刪減預算都先從教育經費開刀，其實知識的研發才是科技創新的源頭，人腦創造出電腦，電腦現在掌控了我們生活的大部分，我們只要看全世界對二千年千禧蟲的來臨如臨大敵一般就知道了。

我們想要利用電腦去解開人腦之謎，去對所謂的「智慧」重新下定義，所以資訊和生命科學的結合將會是二十一世紀的主要科技與經濟力量，這個「生物資訊學」（bioinfomatic）是一個最新的領域，它正結合資訊學家與生命科學家在重新創造這個世界，再過幾年，我們對生命的定義與生存的意義可能就會改變，因為科學家已開始從基因的層次來重組生命，但是我們的國民對世界潮流的走向，對最新科技的知識還不能掌握得很好，既然國民的素質就是國家的財富，國力的指標，如何提升全民的知識水準就顯得刻不容緩了。

我是個教育者，我看到了我們國民的基本知識不足以應付二十一世紀的要求，但是一個老師的力量有限，再怎麼上課，影響的學生人數對整體來說，還是杯水車薪，有限得很，我要的是一個可以快速將最新知識傳送到所有人手上的管道。就這方面來說，引介質優的科普書籍似乎是唯一的路，因為書籍是唯一不受時空限制的知識傳遞工具。因此，我決定與遠流出版公司合作開闢一個生命科學的路線，專門介紹國內外相關的優秀科普著作，與一般讀者共享。我挑書的方法很簡單，任何可以使我在書店站著看十五分鐘以上不換腳的書就值得買回家細看。我不考慮市場，因為我認為真金不怕火煉，一本好書常常不是暢銷書（因為既不煽情，又沒有暴力），但是它會是長銷書，因為它帶給人們知識。

背景知識就像一個篩網，網越細密，新知識越不會流失。比如說，同樣去聽一場演講，有人獲益良多，有人一無所獲，最主要的原因是語音像一陣風，只有綿密的網才可以兜住它。背景知識又像一個架構，有了架子，新進來的知識才知道往哪兒放，當每個格子都放滿了，一個完整的圖形就會顯現出來，一個新的概念於是誕生。心理學上曾有一個著名的實驗告訴我們背景知識的重要性。這個實驗是把一盤殘棋給西洋棋的生手看兩分鐘，然後要他把這盤棋重新排出來，他無法做到；但是給西洋棋的大師看同樣長的時間，他就能正確無誤地將棋子重新排出來。是大師的記憶力比較好嗎？當然不是，因為當我們把一盤隨機安放的棋子給大師看，請他重排時，他的表現就和生手一樣了。大師和生手唯一的差別就在大師有背景知識，使得殘棋變得有意義，意義度就減輕了記憶的負擔。這個背景知識所建構出來的基模（schema）會主動去搜尋有用的資訊將它放在適當的位置上，組合成有意義的東西，一個沒有意義的東西會很快就淡出我們的知覺系統。所以在生物科技即將引領風潮的關鍵時刻，引介這方面的知識來滿足廣大讀者的需求，使它變成我們的背景知識而有能力去解讀和累積更多的新知識，是我們開闢《生命科學館》的最大動力之一。

台灣能從過去替人加工的社會走入了科技發展的社會，人力資源是我國最寶貴，也是唯一的資源利器。人力資源的開發一向是先進科技國家最重大的投資，知識又是人力資源的基本，因此我衷心期望《生命科學館》的書能夠豐富我們的生技知識，可以讓我們滿懷信心地去面對二十一世紀的生物科技挑戰。

【策劃者簡介】

洪蘭，福建省同安縣人，一九六九年台灣大學畢業後，即赴美留學，取得加州大學實驗心理學博士學位，並獲NSF博士後研究獎金。曾在加州大學醫學院神經科從事研究，後進入聖地牙哥沙克生物研究所任研究員，並於加州大學擔任研究教授。一九九二年回台先後任教於中正大學、中央大學、陽明大學，現任中央大學認知神經科學研究所講座教授暨創所所長。

目錄

大腦當家 最新增訂版

——12個讓大腦靈活的守則，工作學習都輕鬆有效率

這是我在二〇〇八年最喜歡的一本書，說真的，如果你在今年只讀一本書的話，非它莫屬。《大腦當家》試圖解釋科學家了解的大腦知識，而這些知識是我們可以在日常生活的學校、職場中應用與驗證的。我極度推薦這本書，《大腦當家》兼具知識性、可讀性及實用性，是每一位教育者及商業人士都應該讀的。

——**蓋爾・雷諾**（Garr Reynolds），**暢銷書《簡報禪》**（*Presentation Zen*）**作者**

麥迪納博士在《大腦當家》中，用平實易懂的文字解析大腦的運作方式，並解釋在職場、教室中大腦扮演的角色。他以生動活潑的寫作風格，將這些艱澀難懂的名詞變得賞心悅目、躍然紙上。

——**布魯斯・羅森斯坦**（Bruce Rosenstein），**《今日美國》**（*USA Today*）

多工作業是現今企業界的熱門用語，但是身為發展分子生物學家，麥迪納博士在說明注意力的章節中試圖告訴讀者：大腦在同一時間真的只能專注於一件事。這正好說明了為什麼我們不應該在開車的時候講手機。麥迪納博士提出了12項大腦運作規則，以及我們該如何善用這些守則幫助我們的學習與工作。其中像是：我們的感官中視覺最佔優勢，所以我們應該盡量在簡報中使用圖表；當我們睡覺時，大腦沒在休息反而更激烈的活動，睡眠可是學習最好的朋友；隨著年紀增長，大腦的細胞也會逐漸死去，彌補的方法唯有在黃金歲月中持續不斷的學習。這些發現與細節對科學家而言都是耳熟能詳的，但是作者以吸引人的描述方式提出應用這些規則的建議，讓讀者也能輕鬆獲得這些知識。

——《出版家週刊》（*Publishers Weekly*）

神經科學和管理實務，看似毫不相干，其實卻息息相關。在知識經濟年代，智慧就是資本，經理人要提升生產力，就要有雄厚的智慧資本實力。如果組織熟悉大腦運作模式，了解如何適切發揮大腦功能，就能使企業更上一層樓。

——《哈佛商業評論》中文版二〇〇八年五月號

你的腦有在十分鐘就轉移目標的傾向，容易忽略無聊的題目，而且需要許多影像來留住資訊——這是麥迪納博士的新書《大腦當家》中詳述的三個新發現。我最近在跟這位發展分子生物學家、華盛頓大學醫學院的教授談話時，獲得了許多商業主管可以應用到演講場合的有用知識。

——卡邁・蓋洛（Carmine Gallo），知名企業演說訓練師及專欄作家

〈專文推薦〉

人類在恐慌中生存、繁衍

——了解腦、了解人、成功生活

白明奇

二〇一六年冬天，我和成功大學體健所蔡佳良教授前往東歐進行台灣與斯洛伐克雙邊合作計畫的進度交流，在斯洛伐克首都 Bratislava 停留兩晚。有天中午，對方主持人Jozef Ukropec 與 Barbara Ukropcová 教授於知名餐廳 Bratislavaske Mestianske Pivovary（since 1752）招待啤酒及豬腳，席間，我問了該國最具代表性的科學家，Barbara 立刻提了Daniel Carleton Gajdusek（1923-2008）及Jan Vilcek（1933-）。

身上有著斯洛伐克與匈牙利血統的 Gajdusek 靠著他超人的智慧與鍥而不捨的精神，終結了新幾內亞的怪病 Kuru 症，因而獲得一九七六年諾貝爾醫學生理獎。我曾經於一九九二年陪同招待、並護送 Gajdusek 教授到中正機場，前往機場的長途車程中，我們聊了許多臨床神經學的困境，印象十分深刻。

Vilcek 教授最大的成就在於細胞激素（cytokine）的研究，包括干擾素與腫瘤壞死因子（tumor necrotizing factor, TNF）。Vilcek 不僅成立生技公司，還與夫人 Marica 於二〇〇〇年成立Vilcek基金會，該基金會於二〇〇六年起獎勵在美國以外出生、對科學或藝術有貢獻者，大提琴家馬友友曾是二〇一三年受獎者。隔天，當我們拜訪Jozef與Barbara教授位於郊區的住宅，Barbara送我一本Jan親筆簽名、剛剛出版的新書*Love and Science: A memoir*。

停留期間，我看了一部電影，描寫原始叢林之中的血腥鬥爭，敵人在暗夜中偷襲某族部落，除了掠奪燒殺之外，更將倖存的成人雙手綁上竹竿、男女分批帶走，留下稚齡小孩自生自滅，有一幕是小孩看著父母被帶走的神情，令人動容！設想這些小孩後來或能存活，但內心必然與天真活潑長大的小孩大為不同。另一方面，這些成年人下場又如何？有些男人被逐一當眾挖出心臟，然後將斷頸之首自通天塔頂端扔下，頭顱順著染滿血漬的石梯彈跳而下，成為一堆頭顱的一員，這究竟是導演的想像，抑或真實？少數俘擄獲得考驗體力與智慧的機會，奮力奔跑中，若能逃過背後不斷射來的飛箭與標槍，則可能獲得自由。

返台的航程中，我讀著Vilcek的新書，腦中卻不斷出現那部不知名電影的情節與反芻內心深刻的感受。從演化上來看，我們都是在如前述險惡般環境下存活的物種的後代，處於這種如囚犯般、充滿不確定性環境的人類，大腦結構與腦細胞間的連結也因前述種種有了改變，身上流動著被威脅、戒慎恐懼、不安的血液，能夠繁衍存活的後代可能都有某種程度的共通特質。

幾個星期後，當收到遠流寄來《大腦當家》（最新增訂版），讀到書中有一節的小標為

「回到叢林」時，我嚇了一跳。書中提到運動的好處也和此次東歐行的目的巧合，台斯雙方正在研究有氧與肌耐力運動對失智症大腦功能產生正面影響的科學證據。此外，本書提到許多因子如BDNF（brain-derived neurotrophic factor），也和Jan Vilcek早年的研究有關。

人類智慧的成長有些是偶然，有些又似乎必然，上天造物絕對是省油之燈（parsimonious），同一個大腦結構必有多種用途。讀著這本介紹大腦功能的讀者們的大腦可能自然浮現幾個字：演化論、制約、行為學派，以及自由意志何在？

本書作者是分子生物學家John Medina，Medina以周遭人事或親身體驗作例子，用說故事的方式來講解艱深難懂的大腦知識，讀者因而易於理解，並將此知識轉達給其他人、甚至應用於日常生活。這不僅能更了解大腦的正常運作，也可以解答如腦中風、失智症及精神疾病何以帶來種種大腦機能障礙的疑惑，更有助於推廣腦科學的普世教育，這是一本很值得推薦的好書。

【推薦者簡介】

現任國立成功大學醫學院神經學科教授、老年所合聘教授、行醫所兼任教授、成大附設醫院失智症中心召集人；熱蘭遮失智症協會創會理事長、榮譽理事；台北醫學大學醫學士、中正大學心理學博士。專長：臨床神經學、失智症、認知與行為神經學、醫學人文。白明奇醫師是一位充滿文學藝術素養又極具熱忱的醫師和學者，對於失智症病友有深切的關懷。

〈專文推薦〉

持續開發腦力，帶動知識經濟

黃存義

這是一個資訊爆炸的時代，每個人每天所接觸的訊息是以往人類的數倍、甚至數十倍。電腦與手機的功能不斷進步，加上網際網路的推波助瀾，讓資訊的傳播更迅速、更無遠弗屆。這使得企業比以往更有機會快速成長，也讓企業間的競爭更加白熱化。

資訊與通訊產業是主要的元兇，產品與服務的推陳出新都以「十倍速」進行。這個產業本身更是波濤洶湧，只要創意對、執行力強、時間點抓到了，一個小公司可以在短短幾年變成全球某項業務的霸主。傳統上大多是大型企業鯨吞小企業，但在這年代裡小蝦米吃掉大公司時有所聞。比如當 Yahoo 還是全球最大的網站入口門戶，也是最大的網路廣告公司時，初出茅廬的 Google 卻以搜索引擎的關鍵字排行榜廣告吃掉長尾理論下大部分中小企業的廣告費用，不但顛覆 Yahoo 的廣告業務霸主地位，也重創平面媒體的日常業務。今天 Google 在全球網路廣告龍頭的地位已無人可敵。電腦入口門戶網站已經營多年，一般人上網第一件事就是到自己預設的入口門戶看東西，看的人越多越頻繁，點擊率就越高，入口門戶網站的價值隨點擊率高低起舞。Youtube 的影視分享異軍突起，吸引新世代所有的眼球，原本應在網站門戶網頁大幅成長的點擊率都成了 Youtube 的囊中物，Youtube 因而高價賣給了 Google。又如英特爾靠摩爾定律，每十八個月就推出一顆性能加倍的中央處理器來帶動業務持續成長，可是小小的 Nvdia 公司的圖形處理器卻幫忙電腦解決圖形運算的吃力工作，以至於大部分電腦出廠前都加了一顆圖形處理器。今天 Nvdia 已是全世界最大的圖形處理器公司，同時也延遲電腦用戶對英特爾多顆處理器高速計算的需求。從這些案例可以看出，在這時代裡只要有好的創意，什麼都可能發生。公司大小不重要，掌握多少有創意的人才才是輸贏的關鍵；也就是說腦力才是競爭力，財力是次要的。

但是要如何創造腦力呢？這似乎不是一加一等於二的公式。三個臭皮匠通常並不真的能贏過一個諸葛亮。仔細想想，從農業、漁牧、到工業時代，人類一直有系統的創造文明，開發工具、記錄智慧、組織教學且代代傳播下去。這本來就是腦力不斷擴大運用才有的結果。也就是說人是越來越聰明，腦力越來越強。但是我們是要等幾百年、幾千年讓腦力自然演化增強呢？還是想辦法開發已存在卻仍待開發的腦力呢？答案非常明顯。但是一般人對腦的認識本來就不多，更不要說如何開發腦力，擴大對腦的使用，一輩子似乎就僅憑父母親生來賦予的少部分開發的腦力發展。這就像家傳千畝良田，可是只懂得耕耘門口前面一塊地而已，實在可惜之至！

最近有機會拜讀洪蘭教授詮譯之《大腦當家》，實在非常興奮。這本書從大腦的結構、演化、運作模式、一直談到長短期記憶的形成與增進記憶的方法。以實際案例很清楚的告訴我們，頭腦是可以利用簡單的規則不斷的開發，活到老、學到老是輕而易舉的事。更重要的是頭腦會因為不斷的訓練與應用而進化，腦力因此變得更靈光。它的內容深入淺出，案例貼切，口吻輕鬆，無論學生、老師或家長都很容易上手。忍不住要推薦給所有親朋好友共享。

今天的知識經濟時代是道道地地的創意與創價的經濟時代，也就是腦力的時代。腦力就是競爭優勢。台灣這個小島最寶貴的資源就是兩千三百萬人的腦力，持續開發更多、更好腦力，一定是台灣發展競爭優勢的一支主軸。在學校，老師應與家長共同配合，以符合大腦守則的方法來教育我們的莘莘學子。在職場，無論是政府或企業，更值得規劃腦力訓練課程，來帶動以創意為主的知識經濟。身為資訊公司的高階主管，我非常慶幸能挖掘到這本書與同仁共享。更期望洪教授繼續為我們詮釋更多與腦力相關的書，嘉惠更多嗷嗷待哺的腦袋瓜。

【推薦者簡介】

台灣資訊業專業經理人，前微軟公司大中華地區總裁。曾任職於台灣惠普科技、東元資訊，目前已從微軟大中華區消費數位生活及SOHO業務區域總裁職務榮退。熟悉兩岸三地全球國際企業的整合規劃，工作極為投入，閒暇時喜愛音樂、閱讀及旅遊。

〈導讀〉

大腦運作規則正是處世守則

洪蘭

我們的大腦中是一片黑暗，比世界上最深的馬里亞那海溝還更黑，完全沒有一點光進來；裡面完全寂靜，只有電流通過神經纖維的細微嘶聲，整個大腦中所有神經元所發出的電流還不足以讓你的手指感到刺痛。但是這個黑暗無聲的東西卻讓你看到外面五顏六色的花花世界，聽到春天的鳥語，夏天的松濤，秋天的落葉，冬天的寒肅。想起來，它真是一個奇蹟，從「無」中生出了這麼多「有」，這個「有」還一直變化，隨著年齡增進而不同。這是大腦科學最吸引人的地方，也是目前最頂尖的人才紛紛投入大腦科學的原因。

整合運作功效佳

它最神奇的地方在「整合」，不但是感官本身訊息的整合，也包括跨感官的整合。一九八一年，我在哈斯金實驗室（Haskins Laboratories）時，做過一個實驗：給受試者左耳聽一個刺激，右耳聽一個刺激，它們可以在大腦中彙整成一個完整的語音出來。跨感官的整合就更奇妙了，最好的例子是麥格克效應（McGurk Effect）：在課堂上叫一個高的學生站前面，矮的站後面，同步發音，高的作 /ba/ 音的嘴型，矮的發 /ga/ 的聲音，結果全班都聽到 /da/ 的聲音；如果叫學生閉上眼睛，他們都聽到 /ga/ 的聲音。這個實驗屢試不爽，只要開關眼睛就會使你聽到不同的聲音。這原因是當大腦的視覺和聽覺管道同時接受到兩種相矛盾的訊息時，它不知道應該相信誰的，因此就把兩者綜合一下，學生就聽到 /da/ 了。人家說政治是妥協，其來有自，早在大腦中就如此了。

在訊息處理上，外界送進來的訊息越多，大腦處理的效率就越快；背景知識越多，看得越清楚。有一個實驗發現：當閃爍燈光的強度逐漸減弱時，人們就逐漸看不見這道光，但是如果在閃光熄滅時，出現一個很短的聲音，聲音的出現就改變了光的閾值，聲音使我們看見比以前更微弱的閃光。難怪很多老人家在聽不清楚時，會把眼鏡戴上，我以前都在心中暗笑，心想：又不是用眼睛來聽聲音，看到這個實驗後，才知道被笑的應該是我，活在大自然中，卻對自己大腦的運作這麼無知。也因為如此，我在看到這本介紹大腦功能的書之後，就決定花時間翻譯它，把它介紹進台灣來，知己知彼，百戰百勝，人怎麼可以不知道自己的大腦是怎麼運作的呢？

本書作者是個分子生物學家，他卻走出了實驗室到企業界做顧問，他的背景正是我們目前所迫切需要的：能夠從細胞的層次來解釋外在的行為，才能真正了解行為產生的原因。他不會像坊間一般的名嘴，教你怎麼做卻不能告訴你為什麼要這樣做。如果不知道一個行為出現真正的原因，就容易自以為是的去猜測衍伸原作者的意思，就會導出像「右腦革命」這種不對的觀念出來。現在有了腦造影技術，我們在大腦中很清楚地看到才十個月大的嬰兒，大腦新陳代謝的程度已經到達成人的地步，而且左邊比右邊活化得更多，絕對沒有日本人所說的右腦先啟動，三歲以後才長出了「腦樑」啟發左腦，父母也不需要叫孩子用左手寫字來啟發右腦，因為根本沒有這回事。

日本人沒有了解諾貝爾獎得主史培利（Roger Sperry）原始實驗用的是癲癇的病人，當病變位置是個無法切除的大腦部位，如記憶中心或語言中心時，不得已，他只好把病人連接兩個腦半球中間的橋——胼胝體——剪開，使一邊大腦放電不會傳到另一邊，病人不會倒在地上發作。只有在這個時候，一個人的兩個腦半球才會獨立開來，才會發生左邊如何，右邊又如何的現象。你的孩子沒有癲癇，兩個腦半球中間的胼胝體並沒有剪開，是相連的，訊息從左到右腦或右到左腦的溝通非常的快。我們一般人有正常胼胝體，大腦是整合性的處理訊息，大腦中的電流會隨著神經纖維把訊息傳遞到各處，所以完全不必擔心啟發右腦或左腦的問題。

這個迷思很嚴重，甚至有商學院和教育學院的教授在大學中開大腦創意的課，教學生怎麼用右腦，真是匪夷所思，我很好奇，不知他們要怎麼把腦半球獨立開來。

用進廢退的競技場

我們的大腦是能者多勞的，用得多的地方在大腦地圖中佔的位置比較大，像研究計畫拿得越多的教授，實驗室越大；或是越紅的明星，化妝室越大一樣。大腦反映人生，我以前有個醫生朋友不敢輕易去度假，因為「沒有不可被取代的人」，他去度假，病人可能就跑到別的醫生那裡去了。在大腦中也是如此，除了最基本的感官皮質區，如視覺、聽覺、嗅覺壞了無法取代，其他很多功能都是可以取代的。

大腦不停地因應外面環境的需求而改變裡面神經的連接，從猴子實驗中看到：如果把猴子手中間三根指頭綁起來，強迫他用大拇指和小拇指去拿東西吃，三個月以後，小拇指的大腦地圖就換到大拇指旁邊了（即在運動皮質區中，內在表徵與外在肢體的位置是相呼應的。在我們的手上，大拇指旁邊是食指，食指旁邊是中指，中指旁邊是無名指，無名指旁邊是小拇指，在大腦運動皮質區中，它們的排列也是一模一樣，與外在肢體位置相呼應），因為這兩根手指的神經元每次都是同步發射，在大腦中同步發射的神經迴路是連接在一起的（Neurons that fire together, wire together.）。我們看到用進廢退的力量是多麼的大，才三個月就改變了大腦中神經的位置，三個月不用，地盤就被別人搶去了！

難怪競爭激烈領域的人不敢去度假，度完假回來可能人事全非了。也有老闆發現請來替代請假職員的臨時人員，工作能力比原來的更好，於是找個理由把原來的辭退，把能力好的提攜上來。在大腦中競爭是跟外面世界一樣激烈的，這種現象也永遠鞭策著我們，人要不停的努力，更上一層樓，不然長江後浪推前浪，一不小心就被別人取代了。在經濟不景氣的現在，這本書所講的大腦運作規則更像是一本處世手冊。事實上，大腦功能不進則退的程度比外面世界還更現實，不由得我們自己不警惕。

運動好處多

這本書中談到了十二個運作規則，每一項對我們學習都很有關係，例如「運動會增加腦力」。我們台灣的父母都有個迷思，以為孩子坐在桌子前面就是在做功課，其實很多時候他是在作白日夢。讀書一定要心靜、精神好，才讀得進去，不然「小和尚念經，有口無心」，光是坐在書本前面是一點用也沒有。可嘆我們很多大人還是參不透這一點，天天逼著孩子啃書，弄得一個個彎腰駝背、臉色蒼白、沒有朝氣。

這本書很清楚的告訴我們運動增加腦力，甚至建議一天上兩次體育課。作者說：我們的祖先一天要走二十公里的路去覓食，大腦是在這種情況下發展出來的，因此人應該要動。一個實驗發現：小學生只要每週慢跑二次，每次三十分鐘，十二週後，他們的認知能力就比以前進步了很多。運動時大量分泌多巴胺（dopamine）、血清張素（serotonin）和正腎上腺素（norepinephrine），這三種神經傳導物質都與情緒有關，這是為什麼龍發堂的治療精神病方式有效（雖然他們在做時並不知道為什麼），因為他們讓病人種菜墾荒，大量運動，同時植物是有生命的，看著幼苗每天長大本身就是一個治療的方式。

有一個實驗讓憂鬱症的病人拚命運動，結果發現運動可以取代抗憂鬱症的藥。既然運動沒有副作用，不會有抗藥性，我們為什麼不儘量去運動呢？所以現在挪威、瑞典、芬蘭等北歐國家為了減少慢性疾病的社會成本，便鼓勵人民運動，又顧慮身處北方一年有九個月氣候寒冷，他們便在每個社區設奧林匹克標準的游泳池，讓人民有地方設備去運動。我們台灣也應該把浪費在放煙火上的錢拿來蓋游泳池，錢要用在刀口上才對。研究發現運動多的孩子對視覺刺激辨識速度比不愛運動的快，有運動的孩子注意力比較集中，因為運動增加神經的連接。從腦造影的片子中看到有運動的孩子在做作業時，能夠使用比較多的認知資源，而且持續的時間比較久；這使他們上課比較專心，比較不沮喪、不焦慮；又因為學業表現比較好，他們也對自己比較有信心，對自己感覺比較好。所以，從大腦看來，要學生功課好，應該增加的是體育課而不是補習課；要老人家身體好，應該多去運動而不是吃天王補心丹。

知所當為

這本書也談到人為什麼不能一心多用，在開車時，講手機的人踩剎車的反應速度比沒講手機的人慢了半秒，在真實世界中，這半秒就是有車禍與無車禍，生與死的差別了。台灣曾經嚴格取締開車打手機了一陣子，很多人都去買了耳機，後來鬆懈了，大家又故態復萌。看到大腦一心二用處理訊息上的快慢差別，為了自己，為了家人，還是不打手機的好。

六百萬年前，人從樹上下來後，有新的環境要去適應，人必須站起來，頭才能伸在長長的野草之上，才看得見東西；兩隻腳比四隻腳節省了一些卡路里，直立行走時，就可以把這個節省的能源用到大腦上，而不再用在肌肉上；手同時也可以空出來拿東西或打獵。直立使我們可以到更遠地方去覓食，也使我們的大腦變大，但是因為大腦雖然只有佔身體百分之二的重量，卻用掉總能量的百分之二十，所以不可能有坊間所說的「潛能開發，你只有用到百分之十的大腦」的神話，人不可能有百分之九十的神經元坐在那邊閒閒沒事幹，從大腦科學的證據看來，這完全是無稽之談。我們需要儘量引介正確的大腦知識進台灣，使父母不會花冤枉錢，送孩子去上腦力開發、全腦開發等不實的補習班。

本書最好的地方是提供了我們記憶的正確知識，使老師知道背景知識越多，學生記憶越輕鬆。實驗發現人們在學習完三十分鐘後忘記所學的百分之九十，所以要增加學習的效果就要增加情緒，因為情緒是提取記憶最有力的線索。另一個方式是增加跟真實世界的關聯度，如果要記的東西跟自己過去的經驗是掛得上鉤的，記起來就容易些。我們做老師的都知道，要解釋一個抽象的概念，最好儘量舉生活中具體的例子來說明。記憶是儲存在大腦一開始徵召的神經元上，因此，參與的神經元越多，以後提取這個記憶就越容易，就好像門上高高低低有好多個門把，那麼不論多矮的小孩都搆得著一個門把，可以把這門打開，把記憶取出來。睡眠也跟學習成效有關，所以本書中也有一章專門講睡眠。

言所當言

我會翻譯這本書另外一個原因是作者指出了一個令我很感嘆的現象，就是在現在的社會，只要一提到性別差異就會受到攻擊，各式各樣的黑函，帽子都扣過來。在政黨輪替之前，教育部的訓委會甚至用人民的納稅錢出版人身攻擊的文章，用公款郵寄到各個學校的輔導室，只因為我談到男女大腦中有結構與功能上的差異。我敢冒大不諱談性別差異是因為看到了大腦與教育有關，男女生切入問題的方式不同，回答問題的方式也不同，我誠實的盡我知識份子的本份，把這差異講出來，卻受到圍剿。作者也說一涉及這個題目，多半不能全身而退，但是因為大腦的確有不同，所以現在越來越多的科學家直接從實驗證據來說明，把大腦圖攤在太陽下請人們自己去判斷。

從攻擊我的黑函中，我看到一點就是攻擊者對統計基本概念的不了解，正如作者所說：「很多人一聽到統計的顯著差異就馬上以為在談論個人，暗指他們自己，於是就強烈反彈了。這是一個大錯，當科學家在看一個行為趨勢時，他們不是在看個人，他們是在看群體，這跟你個人的行為是完全不同的問題。」某大學的副教授曾大聲辯說她是女生，但是她的空間能力比她先生好，因此女生空間能力並沒有比男生差。她完全不了解行為科學講的是鐘型曲線中間百分之六十八的人的行為，而不是講個人，曲線兩端各有少數空間能力極好或極差的人。

在這一章中，作者從基因到大腦結構到外顯行為一直到教學上的不同都講得很清楚，我也覺得正確的知識要趕快傳播出去，有了正確的知識，錯誤的偏見就無處生存了。野草一向長得比稻子快，毒菇比香菇更美麗，我想這是所有知識份子心中之痛吧！

發現學習的快樂

這本書最後以探索來結尾。我們是天生的探索者，小孩子更是如此，作者兒子約書亞被蜜蜂螫的故事會使你發出會心的一笑。對孩子來說，發現帶來快樂，探索創造出更多的發現需求，也讓孩子感到更大的快樂，所以父母應該鼓勵探索，使孩子長大後發現，學習不但帶給他快樂，還帶給他優勢。一旦成為某個領域專家會使孩子有自信，更敢去探索。他甚至說「假如這些孩子沒有死在急診室，他們就可能拿諾貝爾獎」，這句話或許有些言重，但是一個沒有好奇心、探索精神的人，絕對不可能成為科學家的。

大腦科學跟教學的關係就像解剖學和醫學院的關係一樣，最好的醫學院要有教學醫院，有既看病又教書的教授及設備良好的研究實驗室；最好的教育機構也應該有中小學，既做研究也教書的老師及設備良好的研究實驗室，這樣我們的老師才能教學相長，教育品質才會提昇，國家才會進步。

〈增訂版譯序〉
省不得的音樂教育

洪蘭

上個世紀資訊爆炸，所累積的知識是過去二千年的總和；這個世紀才過了不到五分之一，所累積的新知已經要超越上個世紀了。在這些日新月異、快速湧出的知識中，大腦科學是其中進步最快的一個領域。腦造影技術的精進使大家終於了解生命的中樞在腦而不在心，人的好壞也是在他的大腦而不在他的心好不好。

因為一般人無法直接觀察大腦的運作（除非在腦造影室），所以對很多人來說，大腦是神秘的。有一本很暢銷的科普作品《神經外科的黑色喜劇》（*When the Air Hits Your Brain*），是一位神經外科醫生的成長紀錄，描述由於人的大腦不可能接觸到空氣，當它接觸到空氣時就是神經外科動刀的時候，那是差一、二毫米就會造成這個人失去某個功能或半身不遂的。又因大腦跟智商有直接的關係，人們（尤其父母）對如何增進大腦功能使孩子聰明就大感興趣了。家長感興趣的地方就是商人財源的所在，坊間一些似是而非的教養書因此因應而生，提出各種健腦課程，讓父母失財，讓孩子受罪。

本書作者是華盛頓州立大學分子細胞學實驗室訓練出來的神經科學家，一直從事大腦和基因在認知功能上的研究，所以他的書可信度高，在美國賣得非常好，在台灣也有不錯的銷售成績，如果連不愛買書的台灣這本書都能增訂新版，可見它有一定的水準值得父母信賴。

最新增訂版除了每一章節都有增加新的知識之外，最特別的是作者還新增了音樂這一章。音樂和美術的課程在大人眼中是可有可無，每次政府財政一緊縮，第一個砍掉的便是學校的音樂美術課程，在偏鄉和山地，更是十個學校有九個沒有音樂老師。這其實非常錯誤，因為音樂的重要性在它能改變大腦，尼采說「沒有音樂的世界是個錯誤」非常正確。有一次我到美國開會，抽空在晚上去聽了一場德弗札克的《新世界交響曲》，後來連續三天，只要一靜下來，腦海就浮現它的旋律，想停都停不了，好的音樂真是會一直在你腦海中轉，滋養你的心靈。

為什麼《新世界交響曲》的旋律對我有這麼大的迴響力呢？原來和我念初中時，每天回家後放下書包第一件事便是打開電唱機（那時還是黑膠唱片），聽它的第三樂章來紓解考了一天試的緊張和疲勞有關。《新世界交響曲》可以說伴我度過了煩躁鬱悶的青春期，我也從那幾年中領會到音樂對一個人心智健康的重要性。

作者在音樂這一章中提出很多父母所關心議題的實驗證據，例如音樂能增強語言能力，因為它可以訓練聽覺皮質的敏感度，使學生易於辨識語音；音樂有旋律，這些旋律的重複增加了工作記憶的訓練，而工作記憶是所有認知能力的根本（訊息進入大腦後，需先經過工作記憶的處理，才能進入長期記憶，因工作記憶包括視覺空間描繪本〔visuospatial sketchpad〕和語音迴路〔phonological loop〕這兩個跟ＩＱ、學業成績都有關係的部分）；音樂的訓練還能增進孩子的社交技巧，因為它使孩子容易察覺別人情緒的變化，增加他們的同理心。

音樂能使大腦產生多巴胺（dopamine），這是種正向的神經傳導物質，對情緒和記憶有幫助，也使大腦產生催產素（oxytocin）這種跟親子聯結（bonding）、親密的社會行為有關的重要神經傳導物質。實驗甚至發現同台演奏的音樂家們，大腦會分泌催產素來增加他們演奏的默契，使他們合作無間。

音樂扣人心弦，使人感動落淚。有一次，我聽到阿里山鄒族的孩子在唱〈安魂曲〉（Miyome），當下讓我流淚不止，音樂感動人心的力量是非經歷其境的人不能了解的，音樂教育真的不能省。

一個人可能沒有美術天份，但可以懂得欣賞一幅好畫的意境；一個人也可能沒有音樂天份，但仍然能欣賞好的音樂，而這個欣賞的能力是我們需要在孩子小的時候帶給他們，使他們在人生逆境時有紓解情緒的工具。音樂不但撫慰我們的心靈，也能治療心靈的創傷。

工欲善其事，必先利其器，作者很用心地把孩子大腦發展的歷程所顯現出來行為告訴父母，希望讀過這本書後，父母教養孩子會更輕鬆，我們的孩子會更快樂。

第1章 | 生存

大腦守則 ❶

大腦也是演化的產物

請在大腦中心算8,388,628×2，你能在幾秒之內得出答案嗎？有一個年輕的男孩做得到，而且還能持續乘上二十四次，每一次都算對；還有一個男孩可以告訴你現在是幾點幾分，甚至把他從睡夢中叫起來，他也能正確地說出時間。有一個女孩可以正確地告訴你六公尺外某個物體的尺寸；另一個女孩六歲時就畫出許多栩栩如生、充滿活力的畫作，有人認為她所畫的「飛馳的馬」更勝達文西的畫作呢。然而上述這些孩子他們的智商都不到七十。

大腦實在是一個神奇的東西！

你的大腦也許稱不上怪，但實在是一個奇特的東西。它可以算是地球上最精密的訊息轉換系統，讓你能夠知道書上這些小黑線的意思是什麼。為了要達成這個奇蹟，你的大腦送出電流，在幾百公里長的神經纖維上快速奔跑，你在不到一眨眼之間的時間內完成這項作業，而這些神經元小到幾千個神經元可以一起擠到本句的句點中。你剛剛就是在進行這項作業，但是你不自覺。同樣令人驚訝的是我們大部分人都不知道我們的大腦是怎麼運作的。

大腦守則

我寫這本書的目的是讓你知道關於大腦運作的十二條規則。我把它稱為「大腦守則」，我會先告訴你每一條規則的科學證據，並介紹背後的研究者，然後告訴你如何應用到日常生活中，尤其是應用在學校和職場的表現上。大腦很複雜，每一個主題我只能選一些你馬上可以聯結到生活上的資訊，雖然不是很完整，但是我希望都是你可以理解的。

你會碰到下面的例子：

- 我們是無法在書桌前面坐八個小時的。從演化的觀點來看，我們是在一天走或跑二十公里的同時發展我們的大腦。大腦仍然渴求那種經驗，這是為什麼運動會增加我們的腦力（大腦守則2），尤其對我們這種整天坐辦公室或教室的人來說，更是如此。有運動的人長期記憶比每天躺在沙發上不動的人強，他們的推理能力、注意力及問題解決能力也比較好。
- 假如你參加過研討會，看過主講人一張又一張地播放投影片時，你一定會發現人無法對無聊的東西集中注意力（大腦守則6）。通常你有幾秒鐘的時間去捉住人們的注意力，然後大約可維持他人的注意十分鐘左右；在九分五十九秒時，你一定要再做些什麼事來重新捉住人們的注意力，使大家能再注意十分鐘，這件事必須能引起情緒共鳴，並且跟主題相關的才行。同時，大腦也需要暫時休息一下，這是為什麼在本書中，我用故事來闡明我的論點。
- 你曾在下午三點鐘左右覺得疲倦嗎？這是因為你的大腦很想小憩一會兒，假如你暫停工作去休息一下，稍後的效率會更好。有一個研究發現，二十六分鐘的小憩，能增加美國太空總署飛行員表現的百分之三十四。你前一晚睡眠是否充足也會影響第二天的心智表現——睡得好，就想得清楚（大腦守則3）。

- 在本書中，你會讀到有一個人只看一眼就能過目不忘，永遠記得書上寫的東西。大部分人是忘的比記的多，這是為什麼我們要重複背誦才記得（大腦守則7）。當你了解大腦的記憶規則後，你就了解為什麼我很反對家庭作業的概念。
- 我們會探討為什麼兩歲的孩子怎麼講都講不聽，他們的叛逆行為，其實是大腦想要探索的強大驅力造成的外顯現象。嬰兒可能對外面的世界所知不多，但他們非常了解要怎麼樣獲得外面的知識，我們是天生的探索者（大腦守則12），這個渴望從來不曾離開過我們，即使生活在人造的環境，探索的需求仍然活在我們的血液中。

龜毛係數

我是個好人，但我也是個壞脾氣的龜毛科學家。能夠出現在本書的實驗研究，都需通過我某些客戶口中的麥氏龜毛係數（Medina Grump Factor, MGF）認證，這表示我所採用的研究必須發表在同儕審定的期刊上，而且它的效果必須成功地被其他實驗室驗證。許多我所採用的研究已經被人重複過幾十次，結果是很穩定的。（為了讀者閱讀的方便，很多延伸的參考資料沒有列在書中，但是你可以瀏覽本書的網站：www.brainrules.net/references。）

大腦守則並非正式處方箋

關於大腦，我們尚有許多未解之謎。我是一名專長在精神疾病領域的發展分子生物學家，在我的專業生涯中，有很長一段時間是私人顧問，處理過無數的研究計畫。在我多年職涯裡，我親眼見到基因（DNA指令）與行為（一個人真正的行動）之間有著多大的差距。你很難肯定地說某基因會導致某種行為，或改變A行為來得到B結果。有時候，我會看到一些文章或書籍，宣稱根據「最新大腦發現」，以聳動的言論教導我們如何學習或做生意，例如：鼓勵讓學生聽古典音樂以促進數學能力的「莫札特效應」；或是主張擅長分析者是「左腦人」，而有創意者是「右腦人」，並依此規則管理人才。剛開始我很驚慌，擔心自己是不是漏讀了什麼重要論文？我會說許多大腦科學的方言，但是我卻不知道有這種保證成功的學習和經商方式。事實上，假如我們真的了解大腦如何端起一杯水來喝，這會是一個重大發現。（譯註：作者很含蓄地說出坊間那些賣偽大腦科學的廣告是無稽的。像他這種會說很多大腦方言「即從分子生物學到細胞系統到行為層次都精通」的人也不知道這個「最新發現」

時，這個發現是沒有科學依據的。）所以我並不需要驚慌。大腦研究雖然無法肯定地告訴我們如何成為比較好的老師、家長、企業領導人和學生，但我會在每個章節最末，列舉大腦研究中較可行的方法，提供給你們在日常生活中實踐。但是，這些並非正式處方箋，它們只是假設而已。如果你願意嘗試這些方法，那麼就當作是在進行一個小型研究計劃，看看這些方法對你而言是否真的有效果。

回到叢林

我們對大腦的知識來自研究大腦組織的生物學家、研究行為的實驗心理學家、研究細胞組織和行為之關聯性的認知神經科學家，以及演化生物學家共同的努力。雖然我們對大腦究竟怎樣運作知道的不多，但是演化的歷史告訴我們：大腦的發展是為了⑴解決問題，而這些是⑵有關生存的問題，⑶在不穩定的戶外環境中⑷為了達到這些目的需要持續不停地移動。我把這稱為大腦的「表現封套」（performance envelope）。

本書的每一個主題——運動、睡眠、壓力、大腦迴路、注意力、記憶、感覺的整合、視覺、音樂、性別及探索——都跟這個表現封套有關。移動會變成大量的運動，環境的不穩定性使得大腦神經迴路的設定非常有彈性，讓我們可以透過探索來解決問題。從錯誤中學習，使我們可以在戶外生存下來。這表示我們可以選擇地注意某些東西，放棄對某些東西的注意，也代表我們需要以特殊的方式來建構記憶。雖然幾十年來，我們都把大腦關在教室和辦公室之中，事實上我們的大腦是建構來在叢林和大草原中求生存的，我們到現在還沒有脫離這個表現封套。

多數人對於大腦的運作方式一竅不通，所以人們會做些蠢事，例如：一邊打手機一邊開車。但是在「注意力」這個功能上，大腦其實是不能同時做好幾件事情的。我們製造出非常緊張的工作環境，但是緊張其實對生產力是不好的。我們的學校就設計得很緊張，所以真正的學習大部分是在家庭中發生。這些研究，整個來說，帶給我們什麼訊息呢？基本上可以說：假如你要創造一個直接與我們大腦最擅長的能力相牴觸的教育環境，你會設計出我們現在的教室；假如你要創造出一個直接與大腦最擅長的能力相牴觸的職場環境，你會設計出使用小隔間的辦公室。假如你想改變，必須拆掉原有的，一切從頭來過。

你可以怪大腦科學家很少跟老師和企業家談話，也不跟教育主管、會計師、機關首長和公司總裁談話。除非你家裡客廳的茶几上擺的是《神經科學期刊》（*Journal of Neuroscience*），否則你根本不會知道神經科學發生了什麼事。

這本書就是想把你從圈外人變成圈內人。

生存：為何大腦如此神奇

我的兒子諾亞在他四歲的時候，從後院撿了一根樹枝給我看，「年輕人，你有一根很好的樹枝。」我說。他很認真地回答：「這不是一根樹枝，它是一把劍，把手舉起來！」我立刻把我的手高舉在空中，作投降狀，我們兩人都笑了。當我走回屋子裡時，我突然了解，我兒子剛剛表現的是人類獨特思考能力的每一個層面，這個能力花了幾百萬年才製造出來，而他在短短的兩秒鐘之內便做到了，對一個四歲的孩子來說是不容易。其他的動物也有強大的認知能力，但是人類在思考方面跟動物有性質上的不同。我們的大腦是怎麼演化成現在這個樣子的呢？

生存策略

所有的事最後會回歸到一個「性」字上。我們的身體依賴任何可以使我們生存下去的基因適應，它要使我們活得夠長到能把基因傳到下一代去。大腦是個生物的器官，它聽從生物的規範，而生物界沒有任何一條規範比自然淘汰的天擇更大。

我們有兩個方法可以對抗外面的惡劣環境：你可以變得更強壯，或是變得更聰明。人類選擇了後者，有時想起來真是不可思議，人類這個身體這麼弱的物種居然會統治整個地球。我們的做法不是增加骨骼上的肌肉，而是增加大腦內的神經元。已經有不少科學家花了很多時間來探討人類是如何做到的。我想進一步探討那四個與生存有關的主要概念，這不但替所有的大腦守則設下了一個舞台，它還解釋了我們如何征服這個世界。

我們可以「假裝」

人類與黑猩猩不同之處，主要在一項特質——使用符號來推理的能力。當我們看到一個五角的幾何圖形時，我們不會一口咬定它是個五角形，我們會看到它是美國國防部五角大廈，或是克萊斯勒汽車的標誌。我們的大腦可以把一個象徵性的物體當作原本的東西，或是看成它所代表的別的東西，這就是我的兒子在後院說樹枝是把劍時所做的事。狄路契（Judy DeLoache）把這稱為「雙重表徵理論」（Dual Representational Theory），它描述了我們能夠賦予一個東西它本身並沒有的特徵和意義，我們可以假裝，可以編造一個不存在的東西。我們是人，因為我們會作白日夢。

我們對雙重表徵非常在行，我們將符號組合起來以得出不同層次的意義，這增加了我們的語言能力，也使我們能將那個語言寫下來，這同時給了我們數學推理的能力以及藝術的能力，將圓圈和四方形組合起來變成幾何圖形和立體派繪畫，將點和豆芽菜結合起來變成音符和詩。符號推理和文化創造之間有切不斷的關係，沒有任何一種其他的動物可做到這一點。

這個用符號來推理的首要特質不僅讓我們得以生存下來，還更興盛繁榮。假如我們的祖先能把他的經驗告訴別人，就不必重蹈覆轍，一直掉入流沙之中，當然更好的方式是假如他能在流沙之前豎個警告牌子。透過文字和語言，我們可以吸收到大量生活情境的知識，而不必事事都親身體驗，付出慘痛代價。所以一旦大腦發展出符號推理的能力，我們就立刻保留它了。那麼，環境給予能運用符號推理者何種生存的優勢呢？

我們適應了變動

關於人類的智慧發展，目前最好的證據是工具的製造，這其實不見得是最正確的方法，但已經是最好的推論了。在最初的幾百萬年，證據也不是那麼了不起，我們只是抓取石頭用它們敲打別的東西而已，科學家把它叫做手斧，可能是為了面子問題吧！一百萬年以後，我們的進步仍然沒什麼可觀，我們還是抓了「手斧」去敲東西，但是我們開始把它敲向別的石頭，使它們變得比較銳利，現在我們有了銳利的「手斧」了。這並沒什麼，但是足以使我們離開東非的發源地或任何生態棲地。情況開始變得有趣，人類知道用火並且烹煮食物。最後我們一波接一波地移民出了非洲，第一個智人祖先在十萬年前踏上了征途。然後，四萬年前，一件令人難以置信的事發生了，他們突然開始繪畫和雕塑，創作出藝術與珠寶。沒有人知道這個改變為什麼會突然發生，但是這改變的影響是巨大的。三萬七千年以後，我們建造了金字塔，又過了五千年，火箭上了月球。

科學家們相信人類在演化上的突飛猛進，緣自於擁有雙重表徵能力。許多人也認為這樣的能力，以及隨之出現的生理改變，與當時氣候變遷有關。

人類的史前歷史大部分發生在叢林氣候下：潮濕、充滿了水蒸氣、很需要空調系統，每天的天氣是可以預測的。然後氣候改變了，從格陵蘭島鑿深洞所取出的冰柱顯示，氣候的改變從不可忍受的熱到縮在屋內不可忍受的冷。在十萬年前，你可能生活在北極那樣的環境，不過幾十年以後，卻能脫去你的腰圍布，在草原上享受溫暖的陽光了。這種不穩定性一定會對居住在這種條件下的動物產生巨大的影響，很多不能忍受的動物就滅絕了。生存的條件改變了，新的物種開始填滿死去動物所遺下的空間。

這個改變足以把我們從舒服的樹上搖下來，但還不至於激烈到讓我們落地後就活不下去。從樹上下來只是所有苦難的開始，面對著草原而不是樹，我們很快了解什麼叫做「平坦」，也很快發現草原的新環境已經被其他動物佔領了，而且大多數都比我們強壯，跑得比我們快。這挺驚悚的，我們的演化歷程是從一個不熟悉的草原開始，背上還貼著「吃我，我是你的晚餐」這種標籤。

假如你認為我們實在沒什麼勝算，你是對的。有人認為我們的祖先不會超過兩千個人，甚至有人認為還要更少，不過幾百個人。那我們怎麼從這一小撮人成長到現在的七十億人口，還不停增加中呢？

史密森尼國家自然歷史博物館（Smithsonian's National Museum of Natural History）的人類起源計畫組（Human Origins Program）主任帕茲（Richard Potts）認為只有一種方法：放棄穩定性。我們開始不在乎某個居住環境是不是有一致性，因為這種一致性根本不是選項，我們得適應改變。那些不能快速解決問題或從錯誤中學習的人，無法活到把他的基因傳下去。這個演化的結果不是我們變得更強壯，而是我們變得更聰明了。結果顯示這是個絕佳的策略，因為人類克服了非洲其他生態棲地，最後，我們征服了世界。帕茲的理論預測人類學習是大腦兩個重要特質的交互作用：一是作為儲存我們習得知識的資料庫，二是能即興使用這個資料庫的能力。一個讓我們知道何時犯了錯，另一個讓我們從錯誤中學習，兩者都讓我們在快速改變的情況下增加新的資訊，這兩者也都與我們設計教室和辦公室有關。我們會在〈記憶〉那一章討論更多關於這個資料庫的事。

越來越大的腦容量

適應變動提供了符號推理發生的情境，但是它還無法解釋我們如何演化出獨特的思考方式可以發明微積分以及撰寫出浪漫的小說。畢竟許多動物也創造出了知識的資料庫，許多動物也很有創意地使用自製的工具。但是，我們跟動物的差別不是黑猩猩所寫的交響曲不好，而是牠們根本不會寫、不能寫。人類所能譜出的曲子，足以讓人著迷到傾家蕩產也要訂購紐約愛樂交響樂團的年票。一定還有別的什麼東西發生在我們演化的歷史上，使得我們的思考方式那麼獨特。

有一個具適應優勢的隨機基因突變使我們直立起來行走。樹木已經消失了或正在消失，我們必須走到更遠的地方覓食。直立行走讓我們可以把手空出來做為其他用途，還能降低卡路里的消耗，節省能源，我們的祖先就可以把這些能源用到大腦上，而不再用到肌肉上。

這樣的改變導致演化最主要成果：區分了人類與其他的動物。在額頭有一個屬於額葉（frontal lobe）的特別區塊，叫做前額葉皮質（prefrontal cortex），它的功能是什麼呢？從大腦科學史上最有名的工傷者菲尼亞·蓋吉（Phineas Gage），我們有了初步的了解。

蓋吉原本是一個人緣非常好的鐵路工頭，幽默、聰明、勤勉又負責任，是任何人都希望把女兒嫁給他的人。在一八四八年的九月十三日，他要爆破一塊巨岩時，炸藥提早引爆了，一根將近一公尺長、三公分直徑粗的鐵棍從他左頰穿入，從頭頂出來。這個傷勢破壞了他大部分的前額葉皮質。他奇蹟似地生還，但是他受傷之後，整個人都變了，他變得粗魯、衝動、滿嘴粗話。他離開了家，到處流浪，無法擔任任何一個工作，他的朋友說他已經不是過去的蓋吉了。

當大腦特定部位受到創傷，所出現的行為異常一定與該區域的功能有關，這也是為什麼我會在本書列舉類似例子的原因。蓋吉的案例是第一個證據讓我們知道前額葉皮質掌管著好幾個重要的人類認知功能，叫做「執行功能」（executive functions）：解決問題、維持注意力、抑制情緒的衝動。簡單地說，這個區域控制著許多行為，正是區別我們與動物的地方，也是區別成人與青少年的地方。

三腦合一

前額葉是大腦最新的一個部分。我們的頭中有三個腦，有些部件是花了幾百萬年才設計出來的。最古老的腦叫腦幹，或稱為「爬蟲類的腦」（lizard brain）。這個有點侮辱性的名稱反映出一個事實，即腦幹的功能在你腦中與在蜥蜴腦中是一樣的。腦幹控制著我們身體運作的主要功能：呼吸、心跳、睡眠和清醒。這些神經元就像拉斯維加斯一樣永遠在活動，不管你在睡覺或很清醒，它永遠使大腦運作。

腦幹的正上方是「哺乳類的腦」（mammalian brain），它在你大腦中的情形也跟在很多哺乳類（如你家的貓）的腦中一樣，這是為什麼它叫這個名字。它與動物的生存比較相關，它的功能與作戰、進食、逃生和交配四種能力有關。哺乳類的腦有好幾個部分在大腦守則中扮演了重要的角色。

杏仁核（amygdala）使你能夠感到憤怒、害怕、愉悅，或記得過去有關憤怒、害怕、愉悅的經驗。杏仁核跟情緒的產生，以及情緒引發的記憶有關。在〈注意力〉那章，我們將進一步討論更多關於情緒的重大影響，以及如何調控情緒。

海馬迴（hippocampus）負責將你的短期記憶轉換成長期記憶。在〈記憶〉那一章，我們將告訴你記憶發生的神奇方式，以及記憶的關鍵。

視丘（thalamus）是大腦中最活躍，也是跟別的部位連結得最密的地方，它是我們感覺的控制塔台。視丘穩穩地坐在大腦的中央，處理感官從每一個角落所送進來的訊息，然後把它們送到應該去的地方。我們將在〈感覺的整合〉這一章繼續討論這奇特複雜的運作歷程。

包覆上述所有區塊的是你人類的腦，就是所謂的皮質（cortex）。假如你把皮質攤平，大約像條嬰兒毛毯那麼大，厚度從吸墨紙（譯註：古代用墨水寫字後，要用一種棉紙把墨水吸乾，以免滲透過去或合起來時玷汙前一頁）到硬紙板的厚度都有。皮質跟大腦內部以電流溝通，神經元發射，又暗下來，然後又發射。複雜的電路以一種協調、重複的型式忙碌著，有如競速般在大量的神經高速公路往來穿梭傳遞訊息，再從上千個分支出口蜂擁而出。在〈大腦迴路〉一章中會再提到，每個人腦內的這些分支都不一樣。皮質的每一個區域有它特殊的功能，有的區域負責語言，有的區域負責視覺，有的則是掌管記憶等等。

光看大腦的外表，你不會發現它有那麼複雜。皮質看起來很單調，有點像核桃的外殼，這愚弄了解剖學家好幾百年。一直到第一次世界大戰，因為醫療的進步使得為數眾多的中彈傷兵存活下來，有些子彈或彈片只是貫穿大腦表層，因此只有一小部分的皮質受損，其餘則完好無缺。眾多的傷兵足以讓科學家得以仔細研究受損腦區與怪異行為之間的相關性。最後，科學家們終於描繪出完整的大腦結構—功能地圖。

科學家們發現當大腦演化時，我們的頭部也跟著演化了，人類的大腦和頭一直增大。但產道及骨盆只能有這麼寬，生產時如果嬰兒的頭太大真的會讓人崩潰。許多母親和嬰兒死於難產，在沒有現代醫學之前，生小孩是鬼門關前走一回。解決的方法是在孩子的頭還沒有太大，還可以勉強擠進產道之前，把孩子生下來，壞處是童年期要很長。大多數的哺乳類動物只需要幾個月就能長大成獨立個體。雖然較長的童年期能夠讓大腦有足夠的時間在子宮外面完成它的發展，然而在這期間孩子很容易受傷害，而且他要到十多年後才有生殖的能力。假如你是生活在戶外，這十多年就像漫長的永恆，而我們祖先長久以來都住在戶外。

但是這一切是值得的。人類在童年時期，至少在最初的幾年，什麼事都不會做，卻幾乎可以學習任何東西。這衍生出「學習者」、「成人」、「教導者」等概念，如果孩子是塊海綿，迫切地吸收所有新知，大人當然就是老師了。當然，假如父母親在完成他們教養的責任之前就被野獸吃掉的話，孩子要花很長時間才長大也就沒意義了。像人類這種弱者需要其他的方式，使我們能夠贏過草原上的其他強者，使我們的家安全到可以交配和養孩子長大。於是人類採取了新的策略，決定共同生活，用團體的力量來對抗兇猛的野獸。

合作無間：你搔我的背……

想要打敗長毛象嗎？如果你一個人，那就很像小鹿斑比大戰哥吉拉；兩個或三個你一起，默契很好，了解團隊合作的概念，你們就可以應付難以克服的挑戰，例如：把長毛象趕到懸崖邊，逼牠跳下。目前有很多的證據發現，我們的祖先就是這樣做的。

遊戲規則改變了，我們學會合作，這表示要創造一個共同的目標，把盟友和自身的利益都考慮在內。為了知道別人的興趣何在，我們必須了解別人的動機，包括別人的酬勞和懲罰系統，我們需要知道他們的「癢處」在哪裡。因此，我們經常揣測別人的心智狀態。例如，當我們聽到關於一對夫妻的描述：「丈夫死了，然後太太也死了」，我們就會開始猜想那位太太的內心世界：「丈夫死了，然後太太也因為太悲傷而死了。」

我們看到了太太的內心世界，曉得她的心智狀態，甚至可以推測她和先生之間的關係。這個推論就是「心智理論」（Theory of Mind）最顯著的特性，我們無時無刻不在動用它。我們用動機來詮釋我們的世界，把動機加到我們的寵物身上，甚至沒有生命的靜物上。這個技術在選擇配偶上很好用，在日常生活的相處上很好用，在教養孩子上也很好用。心智理論是人類所獨有，其他動物都沒有的，是我們想要解讀別人心意最接近的一個方法。

能夠看穿別人心意，並且預測別人下一步要做什麼，需要極高的智慧，因此，也需要極大的大腦活化量。跟預測別人行為和操縱別人的行為比起來，知道在叢林中哪裡可以找到很甜的漿果是小巫見大巫。很多研究者相信享有這種能力跟我們能在智慧上統治這個地球有直接的關係。

當我們想要預測別人的心智狀態時，並沒有什麼蛛絲馬跡可循，別人頭上並不會出現跑馬燈告訴你他的動機是什麼，我們被迫去偵察幾乎沒有顯著物理表徵的特徵，像是害怕、羞愧、貪婪或忠誠。這種能力如此地自動化，我們幾乎不知道我們什麼時候在使用它。我們開始在每一個領域中用到它。還記得雙重表徵：「樹枝以及樹枝所代表的東西」嗎？從語言、數學到藝術，這些高超的智慧都來自於我們需要預測我們鄰居內心深處的想法。所以我說，大腦真是神奇！

為什麼我想要花時間陪你瀏覽一遍大腦的生存策略呢？因為那不只是人類的遠古歷史之一，它更讓我們理解人類是如何獲得知識。我們即興運用大量的資料，以符號來建構這個世界。我們被設定成要社會化與互相合作，就必須經常了解他人。隨著這表現封套，上述這些概念決定了我們大腦運作的基本方針。

現在，你已經有了大致的認識，讓我們繼續一探究竟吧。

總結
Summary

大腦守則 *1*

大腦也是演化的產物

★大腦的發展是為了(1)解決問題，而這些是(2)有關生存的問題，(3)在不穩定的戶外環境中(4)為了達到這些目的需要持續不停地移動。

★我們的頭殼中第一個是爬蟲類的腦，它使我們能呼吸、有心跳、維持我們的生命；然後加上一個像貓一樣的古生哺乳類的腦；最後上面加了薄薄一層像果凍一樣的皮質，這是第三個，強有力的人類的腦。

★當氣候劇烈變化，食物來源中斷，我們被迫從樹上下來進入草原，適應了改變。

★人類在草原上用兩條腿走路而不是四條腿時，釋出了多餘的能源得以發展複雜的大腦。

★符號推理是人類獨特的能力。它可能源自我們需要了解別人的意圖和動機，這能力使我們能和諧地生活在團體中，甚至統御了地球。

第2章｜運動

大腦守則 ❷
運動增強腦力

假如不是電視的現場實況轉播，很可能沒有人會相信下面這則報導：

一個人銬著手銬，戴著腳鐐，被拋入加州的長堤港中，他身上綁著一條粗繩，繩索的另一端繫著七十艘船，每艘船上有一個人，這個人拖著這七十艘船和上面的人從皇后大道橋出發，乘風破浪地游了兩公里半。這個人，傑克・拉藍（Jack La Lanne）正在慶祝他的生日。

他當時剛過七十歲。

傑克・拉藍生於一九一四年，被稱作美國健身運動的教父。他主持美國商業電視台播出歷史最久的健身運動節目。他發明了很多東西，如第一部腿部伸展機器，第一台滑輪拉力器（cable-fastened pulleys），第一個重量訓練機，現在這些都是健身房的標準配備了，有人甚至說他發明了開合跳（Jumping Jack）。拉藍活到九十六歲，上面這些成就卻都不是這位有名的健身家最有趣的事蹟。

假如你有機會去看看他晚年的受訪影片，你最深刻的印象不是他的肌肉而是他的**心智**。拉藍的心智超越一般人的警覺，他的幽默感跟閃電一樣快，而且是即興的。他有一次對美國著名的脫口秀主持人賴瑞・金（Larry King）開玩笑說：「我告訴別人我死不得，那會破壞我的形象！」還有一次他嘲諷地說：「你知道牛油、起司和冰淇淋中有多少卡路里嗎？你會在早上餵你家的**狗**一杯咖啡和一個甜甜圈嗎？」（他宣稱自從一九二九年以後，他就不曾吃過甜食）。從他二十歲以後，他就是一個充滿超高能量、有自己主張，並且追求學識智慧的運動家。

所以，你很難不問：「運動和心智警覺之間有關嗎？」這個問題的答案的確是「有」。

適者生存

雖然關於我們演化的歷史還有很多爭議，但是有一個事實是所有古生物人類學家（paleoanthropologist）都接受的，可以用幾個字來囊括：

我們走動。

而且走很多。在兩百萬年前**直立猿人**（*Homo erectus*）演化出來後，他開始離家出走，遠征他鄉。我們直系祖先**智人**（*Homo sapiens*）也做一樣的事，移動更加迅速。因為熱帶雨林開始縮小，隨之而來的是食物的減少，我們的祖先被迫去更遠的地方尋找食物。當氣候變得更乾旱時，這些熱帶植物所提供的糧食完全消失。離開需要靈活身手在樹叢中爬上爬下的環境，我們的祖先開始往來於貧瘠的大草原覓食，而這需要很多的體力。智人始於非洲，然後成功地遍及世界其他地方。智人遷徙擴展的速度至今尚無法確定，隨著我們發現更多棲地的證據以及DNA研究的進步，數字不斷修正中。人類學家說我們的祖先可是移動得又快又遠，著名的人類學家藍漢（Richard Wrangham）指出，男人一天大約要走十到二十公里的路，女人大約走男人的一半里程。科學家估計現代人**一天**大約走上二十公里（十二哩）的路。這表示我們的大腦是在走路運動時發展出來的，不是坐著不動的時候發展的。

就算不知道我們的祖先遷徙的確切速度，但這實在是一件很了不起的事。那可不是在整齊安全的小徑上隨心所欲地散散步，他們要對抗大火和洪水、翻過嚴峻的高山、穿越乾枯的沙漠、走過讓人腳生潰爛的叢林。在沒有GPS定位系統指引、沒有像樣的工具幫忙的情況下，除了「了不起」，沒有別的形容詞。他們在輪子和冶金術尚未發明的時候，徒手建造了船，靠著最原始的航海技術，往返太平洋各岸。我們的祖先不斷地面臨新的挑戰——新的食物來源、新的獵食者、新的危險。在長途跋涉中，受傷是稀鬆平常的事，他們會染上莫名的病，也生育撫養後代，而這些全都沒有教科書或現代醫療的幫助。在動物界中，人類是相當無用的（我們身體甚至沒有長出足夠的毛髮來禦寒）。上述的生存條件告訴我們，要不就是發展最好的身體狀態，要不就被淘汰掉。而這樣的條件也告訴我們，人類的大腦是在必須不停運動的情況下變成最強而有力的。

假如我們獨一無二的認知技能是在身體活動的火爐中鍛鍊出來，有沒有可能身體活動仍然影響著我們的認知技能？一個身體狀態不好的人經過鍛鍊，他的心智狀態是否會隨著改善？這是一個可以在科學上驗證的問題。這個答案的線索就在於為什麼傑克・拉藍**在他九十幾歲時**還能開吃甜食的玩笑。

你會像吉姆還是像法蘭克一樣變老？

科學家從老人身上看到運動對大腦的好處。幾年前我在電視上看到一部紀錄片，描述美國養老院內的情況。一群八十多歲的老人坐在輪椅上，一字排開在昏暗的燈光下，他們就僅是坐在那兒消磨時光，像是等待死亡的接引。其中有一個老人叫吉姆，他的眼神空洞、寂寞，沒有朋友，面對人生晚年這樣的處境，他大可以老淚縱橫，但是他所有的時間都花在凝視著空間中的某一點。我轉台，轉到看起來還很年輕的華勒斯（Mike Wallace，譯註：美國很有名的電視主播和資深媒體人）在訪問知名的建築師法蘭克・羅伊・萊特（Frank Lloyd Wright），他在那時已是八十多歲了。這是我見過最有意思的對話。

「當我走進紐約市的聖派屈克大教堂（St. Patrick's Cathedral），我被一種崇敬的氣氛所包圍。」華勒斯邊說邊彈著煙蒂。

老人看著華勒斯說：「你確定這不是一種自卑情結（inferiority complex）？」

「你是說因為教堂很大而我很渺小？」

「是的。」

「我想不是這個原因。」

「我希望不是。」

「你在走進聖派屈克教堂之時什麼都沒有感覺到嗎？」

「遺憾，」萊特立刻回答。「因為它沒有真正表現出個體獨立和自主的精神，而我認為這種精神應該在我們致力於文明所造的建築物中必須傳遞出來。」

我被萊特巧妙的回答所震撼，在短短的幾分鐘內，你可以察覺到他心思的敏捷清楚，他堅定的立場，他願意跳出窠臼的思考。接下來的訪談跟前面一樣精彩，就如同他後來的生活一樣。他在一九五七年完成古根漢博物館（Guggenheim Museum）的設計，這是他生前最後一件作品，那年他九十歲。有一件事同時也讓我震撼，當我在琢磨著萊特的回答時，我想起養老院的吉姆，**他跟萊特是同樣的年齡**，事實上，養老院裡大部分的老人都是。我突然看到兩種類型的老人：吉姆和萊特成長在差不多的年代，但是一個心智幾乎完全萎縮，就像是被老化給折磨和凋零，而另一個卻像電燈泡一樣發出熾熱的光來。

在他們老化的過程中有什麼差別造成如此的不同呢？這個問題曾經困擾著研究團隊多年。科學家為了解釋這些差異找出很多新發現，我把這些發現歸類到六個問題的答案中。

1 有沒有單一因素可以預測你會如何老化？

當開始研究老化時，這是一個很難回答的問題。研究者發現很多變項，從先天到後天，都與一個人能否優雅地進入老年有關。這是為什麼當一個研究團隊發現某個強有力的環境因素時，其他科學家報以好奇和謹慎。科學家發現優雅的老化最強的預測因子是這個人的生活型態，他是否是個整天坐在辦公室不動的人。

簡單地說，假如你是個沙發馬鈴薯，老的時候比較可能像吉姆，前提是你能活到八十歲的話。假如你的生活型態很活躍，你到老的時候比較像萊特，你很有可能活到九十多歲。主要的原因表面上看起來是運動增加心臟血管的健康，所以比較不容易得心臟病和中風，但是研究者不了解為什麼成功進入老年期的人，他們的心智也比較警覺，這導致下面這個問題：

2 運動讓人比較機靈嗎？

幾乎所有的心智測驗他們都做了，不管怎麼測量，答案都是肯定的：一個終身運動者，他的認知功能比那些坐著不動的人高出很多。這些測量包括長期記憶、推理、注意力以及問題解決。他們在流動智慧（fluid intelligence）的作業上表現也比較高，這些作業測試快速推理、抽象思考，以及用先前學的知識來解決新的問題。基本上，運動增進教室和職場所需的許多重要能力。

運動在非年長者的作用為何呢？相關研究並不多，但有一個研究是檢驗一萬名英國的公務員，年齡在三十五歲到五十五歲之間，依他們運動的習慣將他們分成低、中、高三組，結果發現低運動組的認知表現也比較不好，需要即時反應的流動智慧是最受靜坐不動生活型態的傷害。

不過運動並不能增進所有的認知功能，短期記憶及某些反應時間作業就跟身體的活動無關。雖然每一個人都會因為運動而改善認知功能，但是改進的程度卻是因人而異，有很大的個別差異。有運動的人通常也比較聰明這是一回事，但證明運動能直接導致這個好處又是另一回事。這些數據雖然很強，但只是相關數據，並非因果關係。實驗者必須做比較侵入性的實驗來回答下一個問題：

3 你能把吉姆變成法蘭克嗎？

這些實驗不禁讓人想到電視上的變身改造節目。實驗者先對一群不愛動的沙發馬鈴薯老人測量腦力，然後要他們運動一段時間，再測一次。他們發現那些參加有氧運動課程的馬鈴薯，所有的心智能力都有進步，甚至只要做四個月的有氧運動，就能觀察到明顯改善。小學生也是如此。另一個研究發現小學生一週只要慢跑二次到三次，每次三十分鐘，十二週以後，他們的認知表現就比慢跑前進步了很多。當運動停止後，他們的成績又退回到慢跑之前的程度，科學家找到直接的關係了。在某個限度之內，運動的確可以把吉姆變成法蘭克，或至少能把吉姆變得比較機伶。

當運動對認知的效果越來越顯著時，研究者問了沙發馬鈴薯這一族人最關心的問題。

4 要做什麼類型的運動？做到什麼程度才行？

研究老人族群多年之後，研究者對於應該運動多少的問題，答案是不必太多。只要你每週散步幾次，你的大腦就會得到益處。即使是沙發馬鈴薯，會起來走動的也比不動的好。我們的身體似乎大聲抗議要回到非洲大草原那種不停活動的源頭，任何朝向那個演化史的動作，不管多少，都對認知有幫助。在實驗室中，運動的黃金原則是一週兩、三次，每次三十分鐘的有氧運動就足夠了。如果能再增加重量訓練，會對認知功能更有好處。但是太多的練習、太過的疲累對認知功能不好，在決定參加嚴格的體能訓練之前，應該先問過你的醫生。這些數據只是指出一個人需要運動，運動就如幾百萬年前祖先在地球上的活動告訴我們的一樣，是對大腦有利的。至於有多好？這答案讓每個繼續往下探究這個問題的人都很驚訝。

5 運動可以治療失智症或憂鬱症嗎？

因為運動對典型的認知表現有顯著的效應，研究者想知道它是否可以幫助非典型的認知表現。例如對跟年齡有關的失智症以及比較廣為人知的阿茲海默症（Alzheimer's disease）有幫助嗎？對情緒方面的疾病如憂鬱症有用嗎？研究者從預防及治療兩方面來看這個問題。在全世界對千百個受試者做過研究，其中很多還進行超過幾十年，現在答案是很清楚的。假如你在休閒時間會做體能活動，你得失智症的機率會減半。有氧運動似乎是個關鍵，對阿茲海默症來說，效果就更大了，這些運動可以讓你減低超過百分之六十的得病機率。

需要多少運動？只要一點就可以。研究者發現你只要去做某些運動一週兩次就夠了。假如你每天散步二十分鐘，可以減少百分之五十七的中風機率（中風是導致年長者心智失能的主要因素之一）。

布萊爾博士（Steven Blair）是開啟這個研究領域的人，但他一開始並不是想做科學家，他想成為體育教練。布萊爾高中時受到美式足球教練比瑟爾（Gene Bissell）很大的啟發。比瑟爾有一次在發現裁判疏忽之後，堅持那場比賽無效，雖然他的隊伍贏了，但他堅持他的隊伍犯規就該受罰。年輕的布萊爾永遠記得這件事。比瑟爾鼓勵布萊爾繼續進行他感興趣的研究，於是他寫了體適能與死亡率的論文，開始了這個領域的研究，而且為學術倫理道德豎立了好榜樣，研究者的人格重於一切，他做研究的嚴謹態度啟發了這個領域的其他學者。他們想知道：如果不把運動當作預防而是當成治療時會怎樣？運動對治療憂鬱症和焦慮症這些心智疾病有效嗎？這是一個好問題。

已經有很多研究顯示運動可以有效地影響這兩種疾病。我們認為這是因為運動調節跟心智健康有關的主要生物化學物質的分泌。有一個實驗讓憂鬱症的病人拚命運動，結果發現運動可以取代抗憂鬱藥物，即使跟服了藥的對照組相比，運動組的效果仍算是非常好。對憂鬱症和焦慮症的病人來說，運動有立即和長遠效果。它對男生、女生一樣有效，而且運動的期間越長，效果越好。雖然運動無法完全取代精神醫療（通常會有藥物治療），但運動對於改善情緒占有重要的一席，所以許多精神科醫師也會開出「運動」的處方箋，這對嚴重的病患和老年人特別有效。

當好奇運動還有什麼好處時，研究者的研究對象便從老年人轉移到兒童。

6 運動能讓兒童在學校有更好的表現嗎？

針對兒童的研究非常少，但數據資料指向同一方向。體適能較佳的孩子對視覺刺激辨識的速度比不愛動的孩子快，他們的注意力比較集中；大腦造影的研究顯示常常運動的孩子和青少年，他們在做作業時，能夠使用比較多的認知資源並持續比較久的時間。楊西博士（Antronette Yancey）在接受美國國家公共廣播電台（NPR）訪問時提到：「當孩子身體狀態是已經活化起來時，他們上課比較專心，不容易被教室中其他事物分心，他們對自己的自信心比較強，對自己的感覺比較好，比較不沮喪，比較不焦慮。上述這些因素都會影響孩子的學業表現和他的注意力。」

當然，影響學業表現的還有很多其他的因素，要找出這些因素以及哪一個因素最重要很困難，但初步的研究發現運動可能是關鍵因素之一。

運動就像鋪馬路

為什麼運動對大腦這麼有幫助，在分子結構層次上，我們可以由競食比賽者（或白話地說，就是大胃王）來解釋。國際競食聯盟（International Federation of Competitive Eating）的徽章上有一句驕傲的標語：暴食才是真理（In Voro Veritas）。就像任何運動競賽組織一樣，競食者也有他們心目中的英雄。競食界的天王是小林尊（Takeru 'Tsunami' Kobayashi），這個人贏了許多競食比賽，包括：吃蒸餃比賽（在八分鐘之內吞下八十三顆蒸餃）、吃叉燒包比賽（十二分鐘內吞下一百個叉燒包），及吃漢堡比賽（八分鐘之內吞下九十七個漢堡）。小林尊也是世界吃熱狗大王，他很少輸，有一次輸給體重四百九十三公斤的熊。在二〇〇三年，美國福斯電視公司主辦了一個特別節目叫「人獸對抗」，小林尊在兩分半鐘內吃下三十一條熱狗，但是熊吃了五十條。這位綽號「海嘯」的大胃王可不接受失敗，他在二〇一二年，用相同的時間吃下六十條熱狗。但是我的重點不在速度。

大腦對於能量的胃口也像海嘯一樣龐大。大腦重量大約只佔我們體重的百分之二，但是它用到身體總能源的百分之二十。當大腦整個動起來時，它每單位細胞重量所用的能量比盡全力運動的股四頭肌還多。事實上，人類大腦不能同時活化百分之二以上的神經元，一旦超過這個數量，你的大腦能源補給品很快被消耗掉時，你會暈倒。

這個能源補給品是葡萄糖，它是一種醣類，是我們身體能量的主要來源之一。當所有熱狗滑下小林尊的喉嚨以後，他的身體用胃酸和小腸的蠕動來消化食物（對他而言，牙齒幾乎沒派上用場），把食物變成葡萄糖。葡萄糖和其他新陳代謝的產物藉由小腸吸收進入血液，這些養分被送到身體的各個部位，存入細胞中，細胞又變成身體的組織。細胞爭取葡萄糖就像水族館中鯊魚搶食的情形一樣，細胞內的化學物質貪婪地把葡萄糖分子結構拆散，把裡面的糖能量吸取出來。

這個能源的吸取動作兇猛到使原子在這過程中被扯散。如同任何一個製造過程，這種兇猛的行為會產生許多有毒的廢物。在消化食物的情況下，這些廢料是一堆從葡萄糖分子中的原子身上扯下來的電子。如果不去理它的話，這些電子會聚集到細胞內其他分子身上去，將它們轉化成人類身上所知最毒的物質，叫做自由基（free radicals）。假如沒有迅速地把它們逮捕，它們會大肆破壞細胞內部，累積多了，就會破壞整個身體，這些自由基甚至可以引起DNA的突變。

那麼，你為什麼不會死於電子過量呢？那是因為大氣中充滿了可以呼吸的氧。氧就好像一塊專門吸收電子的海綿，當血液運送養分到你的細胞組織去時，同時也運送了氧。這塊海綿就把多餘的電子吸收了，經過分子的化學轉換，把它變成二氧化碳，雖然一樣不好，但是至少可以運送。血液把二氧化碳送回你的肺，你就把它呼出去了。所以不論你是競食者，還是正常飲食的人，你所吸入的氧會幫助你，使你吃入的食物不會要了你的命。氧有多重要？人要維持生命有三個必要條件：食物、水和空氣，但是它們影響存活的時間卻大大不同。你可以三十天左右不吃食物不會死，你可以一週左右不喝水，但是你的大腦缺氧超過五分鐘就會造成嚴重且永久性的傷害。假如血液不能即時提供足夠吸收有毒電子的氧海綿，毒物就會累積起來。

把養分送入細胞組織，把廢物帶走是基本的運作歷程，這就是為什麼血液（身兼服務生與毒物處理專家）必須佈滿全身的原因。任何組織若沒有足夠的血液供給，就會餓死，包括你的大腦在內。因此，越多血液進出越好，甚至在一個健康的大腦裡，血液運輸系統還可以更優化。

這就是運動能介入的點。

這使我想起一個看起來毫不起眼的真知灼見，如何改變了世界歷史。發現這件事的人是麥克亞當（John Loudon McAdam），他在十九世紀初期住在英格蘭，但他本身是蘇格蘭的工程師。他注意到人們在到處是洞、充滿了爛泥巴，經常無法通行的泥道上搬運貨物非常地辛苦，他就想，如果用鵝卵石和小碎石把泥巴路填高的話，路就好走多了。他的想法立刻使馬路變得平穩，不會因一下雨就弄得泥濘不堪，水也不會積在路面上。當一個郡接著一個郡利用麥克亞當工法（macadamization，碎石鋪路的工法，這個名稱是來自麥克亞當的名字）

把馬路鋪起來時，有一個驚人的後效產生了：人們立刻變得比較依賴別人運送貨物和提供服務。大路旁生出許多小路來，很快地，整個鄉間都有平坦的馬路可通達了，貨物運送出去了，貿易發達了，人們也有錢了。麥克亞當只是改變了交通，就改變了物流，而物流改變了我們生活的方式。

那麼，這跟運動有什麼關係呢？麥克亞當主要的目的並不是改善貨物和服務，但是改善了道路就改善了貨物和服務，他使人們可以**取得**貨物和服務。你也可以對腦做一樣的事，透過運動你增加了身體的道路（即你的血管），運動本身並不直接提供氧和養分，它只是使你的身體比較容易**取得**氧和養分。

這個道理現在就淺顯易懂了。運動會增加流過身體各部位細胞組織的血流，因為運動刺激血管增加它的流通量，血管會分泌一種強而有力的流量調節分子，叫一氧化氮。當血流量變大時，身體製造新的血管，這些新血管更深入身體的組織，這就使血液中所攜帶的氧和養分更容易送到身體各角落，廢物也越容易被運送出來。你運動得越多，你餵食的細胞組織越多，送走廢物也越快。這個現象在身體的各個角落發生，這是為什麼運動增加身體大部分的功能表現：你穩定了舊有的運輸系統，增加了新的道路，就像麥克亞當的路一樣，突然之間，你更健康了。

同樣的事情也發生在大腦上，腦造影的研究發現運動增加齒迴（dentate gyrus）血管的血流量。這是很重要的，因為齒迴是海馬迴中一個重要的地方，而海馬迴跟記憶的形成有關。血流量增加可能會造成新的微血管增加，新的微血管使大腦神經細胞得到更多的氧和養分，並排出廢物。

最近新的研究更明顯看出運動對大腦特定的效用。在早一點的研究中，科學家發現在分子生物學的層次上，運動刺激大腦一個最重要的生長因素「大腦衍生神經滋養因子」（Brain Derived Neurotrophic Factor, BDNF），可以幫助健康細胞的生長。哈佛大學醫學院教授瑞提（John Ratey）說：「我把它叫做『大腦肥料——美樂棵（Miracle-Gro）』，它幫助大腦中某些神經元的生長，這種蛋白質使已經存在的細胞保持年輕和健康，使它們更願意和別的神經元相連接。它也鼓勵大腦的新細胞形成。」對ＢＤＮＦ最敏感的細胞是海馬迴的細胞，海馬迴，前面說過了，跟人類的記憶有關，而記憶是人類認知功能的一大重要部件。運動增加海馬迴細胞內ＢＤＮＦ的濃度。很多研究者認為，ＢＤＮＦ越多，越能緩衝壓力造成的負面影響，因而改善記憶的形成。我們在〈壓力〉這章會詳細討論這個相互作用。

重新定義「正常」

所有的證據都指向一個方向：運動是認知的糖果。文明給了我們這麼多先進的東西如醫學及壓舌板，但是文明也有不好的副作用，它使我們有更多的機會坐著不動，凡事有機器代勞，人變得四體不勤、五穀不分了。不論在學習或工作上，我們逐漸不再像老祖宗一樣到處覓食。你記得我們的祖先平常**每一天**至少要走二十公里，這表示我們的大腦在絕大部分的演化歷史上，是受到奧林匹克標準的身體所支持的，我們並不習慣坐在教室中八個小時不動，我們也不能連續坐在辦公室的隔間中八個小時。假如我們坐在非洲大草原八個小時不動，嘿！不要八小時，只要八**分鐘**不動，我們就變成別人的晚餐了。我們並沒有幾百萬年的時間來適應靜坐的生活型態，這種生活型態卻損害了我們的身心健康。毫無疑問地，過胖已經成為一種流行病，這一點，我不多費筆墨描述。

運動的好處無遠弗屆，因為它的影響力是系統化的，幾乎影響所有的生理系統。運動使你的肌肉和骨骼強鍵，增加肌力和平衡感；它幫助你調節胃口，減少得十幾種癌症的機率，增進免疫系統，改變血脂狀況，保護你不直接受到壓力的傷害（見〈壓力〉章節）。因為運動強化你的心臟血管系統，減少得心臟病、中風和糖尿病的機率，把它和心智功能的增進放在一起，我們手上就有一個在現代醫學中像仙丹一樣的靈藥來增進我們的健康。所以，我相信把運動融入工作或讀書的這八小時中，才會使我們更**正常**。

讓我們動起來吧！

新想法・新點子

下列是我想到的一些簡單方式，可以在教育界與企業界實際生活中運用運動的效果：

一天上兩次體育課

因為學校越來越信賴考試，許多學區都不再上體育課並剝奪下課的時間。前面說過運動對認知的好處，所以這種措施是完全不合理的。楊西博士描述了一個真實世界的試驗：「他們將上正課的時間拿來上體育，結果發現這樣做並沒有危害孩子課業的表現，請受過正規訓練的老師來上體育課之後，孩子在語言、閱讀和其他基本學力測驗的表現其實變得更好了。」

不上體育課（而運動是最能促進認知功能表現的活動），把這時間拿去上國英數就好像你想增胖卻不肯吃東西一樣，是緣木求魚。比較好的做法是，在每天的課程表中排進更多的體育課。

我們甚至可以重新界定學校制服的觀念，讓學生整天都穿體育課的運動服又有何不可呢？如果你孩子的學校並沒有充分的體育課，你便得思量該如何幫助孩子，每天早上讓他們做二十到三十分鐘的有氧運動，下午再做二十到三十分鐘的伸展操，只要一週做兩、三次就會看到成果。

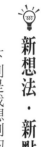

你也可以把這個方法運用在工作上，例如：在早上和下午找個空檔運動。不管在辦公室或外面，你都可以邊走路邊開會，這在解決問題或創意發想上都會激盪出驚人的效果。

教室中和職場上的跑步機與腳踏車

你記得前面的實驗說到當孩子做有氧運動時，他們的大腦工作得比較好，但運動停止後，這些認知表現又回到基準點。這些數據顯示運動程度的提昇不及持續增加氧的供給來得重要，不然，所提昇的大腦功能就不會這麼快地掉回基準線了。所以實驗者又做了一個實驗，他們發現給年輕、健康的成人補充氧氣，而不叫他們去運動，一樣會得到認知能力的增進。這使我想到一個有趣的做法可以在教室一試（不要擔心，不是要你吸一劑氧氣）。

我在想，假如學生在學習時，不是安安靜靜地坐在椅子上，而是在走跑步機或室內健身腳踏車的話呢？學生可以一邊讀英文，一邊踩著裝配有書桌的室內腳踏車。同樣的想法可以應用到職場，你可以邊回電子郵件，腳在跑步機上一邊走，一個小時走個兩或三公里路。這樣不僅能獲得增加氧氣供給的好處，同時也獲得了規律運動帶來的所有好處。

這個把運動融入工作的想法聽起來可能很怪誕，但是它真的不困難。我在我辦公室裡放了一台跑步機，現在我休息時，不是去喝咖啡而是去走路。我甚至設計了一個小平台，讓我可以一邊走路，一邊用平台上的筆記型電腦回信。剛開始時，有點不習慣一邊走路一邊寫信，但是我只花了十五分鐘適應，就能輕鬆地一邊打字，一邊一小時走三公里。

上班族能決定自己辦公桌的擺設，就可依照個人需求把運動融入工作中。但公司也需要將如此前衛的想法放進公司政策。企業的老闆已經知道，如果他的員工定期運動，這會減低他的醫療保健的成本（譯註：此處主要針對美國的健康保險系統而言），而降低一個人中風或得阿茲海默症的機率是一件非常人道的事情。

一個身體健康、精神飽滿的員工比起久坐不動的人，比較能動員上天賜給他的智慧，想出更好的點子解決問題。對那些以創造力為競爭本錢的公司來說，員工能動員他們的腦力和智慧是一個致勝的策略。在實驗室中，定期運動會大大地增進問題解決的能力、流動智慧，甚至記憶，有時效果甚至非常驚人。這相當值得我們研究在企業界中，是否也能得到同樣的結果。

總結
Summary

大腦守則 2

運動增強腦力

★我們的大腦是為走路而建構的——一天走二十公里！

★要增進你的思考技術就要動，不停地動。

★運動使血液進入你的大腦，帶來含有能量的葡萄糖和吸收有毒電子的氧，還能刺激維持神經連結的蛋白質。

★一週只要兩次的有氧運動就會減少百分之五十得老人失智的機率，也減少百分之六十得到阿茲海默症的機率。

第3章｜睡眠

大腦守則 3

睡得好，想得清楚

一九五九年，紐約DJ崔普（Peter Tripp）為美國一家大型慈善機構發起了一場不輕鬆的募款活動，他決定持續兩百個小時都保持清醒。崔普住進一個透明的玻璃屋中，這玻璃屋被放在紐約人潮最多的時報廣場，裡頭還配有廣播設備讓他可以播放表演。他讓研究人員（非常睿智地，還有專業醫療人員）觀察並測量他進入無睡眠狀態後的行為，其中一位就是知名的睡眠專家狄曼（William Dement）。起初的七十二小時，崔普看起來很正常，他幽默且專業地規律進行三個小時的廣播節目。然後情況卻改變了，崔普變得粗魯無禮，甚至大罵圍觀的群眾；接著他出現幻覺。研究人員中途測量他的認知功能，發現他無法完成某些心智能力測驗。無眠進入第五天，也就是一百二十個小時後，崔普出現心智受損的徵兆，而且隨著時間越來越嚴重。狄曼在崔普的挑戰結束時這樣形容他：「他在晚上出現急性妄想精神疾病的症狀，有幾次還伴隨聽幻覺。他堅信有不認識的敵人企圖在他的食物和飲料中偷偷下藥，要害他睡著。」第八天，雙眼未闔已達兩百個小時的崔普，終於完成任務。猜想他應該直奔床鋪，補上一段很長的時間的睡眠吧！

有些不幸的人沒有辦法做這麼奢侈的睡眠剝奪實驗，他們是突然不能睡覺了，而且是永久性的不能入眠。世界上大約只有二十個家庭，受到罕見遺傳疾病「致死性家族失眠症」（Fatal Familial Insomnia）的折磨。幸好這樣的案例不多，因為這個疾病的病程最終會直達心智喪失的地獄。發病期大約在中年，病人先是發熱、發抖、大量流汗，當失眠變成永久性時，病人會有不可控制的肌肉抽搐。很快病人就有嚴重的憂鬱症和焦慮症，進入精神疾病的煉獄，最後，老天垂憐，病人會失去意識而死亡。

因此，我們可以知道如果不能睡覺會有不好的事情發生。奇怪的是，從演化角度來看，壞事也會在我們睡著的時候發生。睡著時，身體就進入人類版的微型冬眠（micro-hibernation），因此睡眠使我們極容易就變成獵食者的食物。的確，在沒有屏障的非洲大草原上睡覺，到處都是有敵意的獵食者（例如我們在演化上的東非室友，豹），睡眠聽起來像是敵人替我們想出的主意。所以假如我們寧願冒這麼大的險也要睡覺，睡覺一定有它可取的地方，那麼究竟是什麼這麼重要呢？我們**為什麼**要把人生三分之一的時間花在睡眠？在開始了解這件事之前，我們先來看一下在我們睡覺時，大腦在做什麼。

你說這叫休息？

假如你有機會收聽一個活人的大腦在睡覺時幹了什麼，你會完全推翻你過去對睡覺的想法。我們在睡覺時，大腦不但不是在休息，它還工作得更辛苦：神經元送出各種電流訊號，彼此交談，在睡眠時，呈現出更多的韻律活動，事實上，比清醒時活動得還厲害。你唯一可以看到大腦真正休息是在「非快速動眼期睡眠」（non-REM sleep），這個時候大腦能量的消耗少於相似的清醒時段，但是非動眼期只佔整個睡眠週期的五分之一。這個發現讓早期的研究者開始矯正他們過去以為睡覺是大腦要休息的錯誤觀念，其實我們在睡覺時，大腦並沒有在休息。即便如此，人們還是覺得睡眠是一種很好的恢復體力的方式，他們指出，假如晚上睡不好，第二天頭腦不清楚。這倒是真的，我們馬上會看到原因。但是仔細想一下，大腦在你睡覺時用掉了那麼多的能源，你怎麼可能覺得心智休息了，體力恢復了呢？

有兩位研究者在早期對於了解睡眠時的大腦運作，提供了許多實質的貢獻。狄曼，先前提到研究ＤＪ崔普無睡眠狀態的專家，他有一頭的白髮，友善的笑容，在我寫這本書時，他已經快要九十歲了。他對於人類的睡眠習慣提供了許多精闢的見解，他曾說過：「做夢使我們每一個人在一生中的每個夜晚，都可以安靜地、安全地發瘋。」狄曼的老師克萊特曼（Nathaniel Kleitman），是一位才華洋溢的科學家，給了狄曼很多研究上的點子。假如狄曼被稱為睡眠研究之父的話，那麼克萊特曼就是睡眠研究的祖父了。克萊特曼是個有著濃密眉毛的俄國人，不但自己以身作則去做實驗的受試者，連女兒也接受研究。當他的同事發現快速動眼睡眠（Rapid Eye Movement sleep, REM sleep）時，克萊特曼馬上自願讓他女兒去做受試者，而她也不負父望證實了快速動眼睡眠的確存在。他也說服了一位同事陪他一起去住在地底下，研究在沒有陽光和社會線索的影響下，我們的睡眠週期會發生什麼事。我們來看看狄曼與克萊特曼的一些睡眠研究成果。

睡眠即作戰

就像戰場上的士兵一樣，人體內有兩個強而有力的對立驅力，被困在一場兇惡的、生物上的戰鬥中。兩者都是由大腦細胞和生化物質所組成，兩方都有自己的主意。雖然它們都住在大腦中，但是戰區是在身體的各個角落。它們之間的戰爭依循著一些有趣的原則，第一，這兩股力量並不是只有在睡眠時才對立較量，在白天清醒時也是如此。第二，它們的戰爭沒有絕對輸贏而是輪流輸贏，今天贏的人輪到下次輸，下次輸的人再下次又贏，這個輸贏的週期每日每夜在上演。第三，沒有任何一方敢說它們是最後的贏家。這無止盡的戰爭被稱為「對立歷程」（opponent process），形成人類生命中每個日夜的清醒與睡眠週期。

其中一支軍隊是由神經元、荷爾蒙和各種其他的化學物質所組成，它們盡力使我們清醒，這支軍隊叫做節律喚醒系統（circadian arousal system, process C，又稱為C處理歷程）。假如這支軍隊贏的話，它會使你永遠都清醒著。幸運的是，它的對手跟它不分軒輊，也是由大腦細胞、荷爾蒙及各種化學物質所組成，也盡其所能使我們睡覺，它被稱為恆定睡眠系統（homeostatic sleep drive, process S，又稱為S處理歷程）。假如它大獲全勝的話，你就會長眠不起了。這兩個驅力決定我們需要多少睡眠時間，以及實際獲得了多少睡眠。用正式的語氣說，S處理歷程維持著睡眠的長度和強度，而C處理歷程決定想不想睡和什麼時候去睡。

這是一場矛盾的戰爭，若是一方比較佔優勢，它下一次就可能輸。有點像一支軍隊因為贏而太過疲倦，只好搖白旗暫時投降。的確，你清醒的時間越久（C處理歷程在你頭上搖勝利的大旗，跳勝利的舞），下次C輸掉的機會就越大，你就去睡了。對一般人來說，大約在清醒了十六小時之後會去睡，克萊特曼發現就算你是住在洞穴中也是如此。

同樣地，你睡得越久（現在是S處理歷程勝利了，輪到它在你頭上跳勝利之舞），下次它輸掉的機率就變大了，這時你就會清醒。對一般人來說，睡眠的時間大約是清醒的一半，八個小時左右，這個情形即使是住在洞穴中也是一樣的。

這種動態的拉扯是正常的，甚至是日常生活中重要的一環。事實上，節律喚醒系統和恆定睡眠驅力每天角力的輸贏是如此具可預測性，你可以畫出曲線美麗的圖表來。

克萊特曼做過最有趣的實驗之一，是有次他和同事花了一整個月的時間，住在肯塔基州地下深約四百公尺的猛獁洞裡。在沒有陽光和日常作息表的影響下，他可以研究我們清醒和睡眠的週期循環是不是自動產生的。這個實驗提供了一道曙光，在我們的身體中有個自動化的週期控制器。我們現在知道身體有生理時鐘，由不同的大腦區域掌管，調節我們醒和睡的韻律。令人驚訝的是，這與手錶中的石英機芯很類似。大腦中有個區域叫做「上視叉神經核」（suprachiasmatic nucleus），似乎就有這樣的時間裝置。但是我們並沒有把這個像脈搏般的韻律當成善意的手錶看待，我們把它當成暴力的戰爭。克萊特曼和狄曼最大的貢獻之一，就是讓我們看到這個幾乎是自動化的韻律會發生，主要是由兩股相對力量不斷衝突的結果。

你是雲雀，貓頭鷹，還是蜂鳥？

我們每一個人體內的醒睡作戰時間表都與別人有些差異。已故專欄作家藍德絲（Ann Landers；譯註：她是美國最著名的家庭版專欄作家，專門針對家庭、職業及生活上的難題給家庭主婦、職業婦女忠告。她雖然已經過世多年，美國的報紙仍刊登她舊的專欄，因為太陽底下沒有新鮮事，家庭糾紛世代皆有，只是不同名字、不同地點、不同家庭而已）曾經大聲地宣告：「在我準備好以前，沒有人可以打電話給我！」她在半夜一點到第二天早上十點之間把電話線拔掉，因為這是她平常睡覺的時間。漫畫家亞當斯（Scott Adams，呆伯特漫畫的作者）不能想像早上十點才開始一天的工作，他告訴《生理時鐘療法》（*The Body Clock Guide to Better Health*）的兩位作者：「我過午以後，不再從事需要創意的工作——我都是在早上六點到七點之間畫我的漫畫。」在這裡，你看到兩個都很有創意與成就的專業人士，其中一個人正要開始工作時，另一個人已經工作完畢。

人群中大約十個有一個是像亞當斯，科學家叫這種人雲雀，這個名詞比晨起作息型態聽起來順口多了。一般來說，雲雀在中午時最警覺，在吃午餐前最有工作效率。他們不需要鬧鐘，因為他們都會在鬧鐘響之前起床，通常在六點鐘之前。雲雀會很高興地告訴你他們最喜歡的一餐是早餐，也比非雲雀喝較少的咖啡。他們在晚飯後就開始想睡，大部分的雲雀在九點鐘上床睡覺。

人群中，十個人有一個是夜貓子，所謂的晏起作息型態或貓頭鷹，他們在睡眠型態這個連續向度上的另一端，完全無法理解雲雀的作息。一般來說，貓頭鷹在晚上六點鐘最警覺，半夜工作效率最好，他們很少在凌晨三點以前上床，需要鬧鐘叫他們起床，有時需要兩個或三個鬧鐘同時響才起得來。大部分的貓頭鷹在早上十點以前不會睜開眼睛，當然，他們最喜愛的一餐是晚餐，如果有機會的話他們一天會喝上一加侖的咖啡來使他們睜開眼睛工作。假如這聽起來讓你覺得我們社會上的貓頭鷹睡眠時間不及雲雀多，你是對的。貓頭鷹通常有很多的睡眠債，沒有機會補足。

無論是雲雀或貓頭鷹，研究者認為在童年期的早期就可以看出孩子的作息型態。有一個研究顯示，假如父母都是雲雀，孩子中有一半會是雲雀。雲雀和貓頭鷹大約佔人口的百分之二十，其餘的人是蜂鳥。因為這是一個連續性的向度，有些蜂鳥比較像貓頭鷹，有些蜂鳥比較像雲雀，有些蜂鳥介於兩者之間。

自由世界的午睡

假如你是一九六〇年代社會很保守的時候在白宮任職，一定需要去適應，美國第三十六任總統詹森（Lyndon Baines Johnson）這位自由世界（譯註：非共產黨領導的國家集團）的領袖，每天一到下午就把辦公室的門關上，換上睡衣睡午覺。三十分鐘以後，很有精神地醒來，重回他總司令的角色。這個總統的行為看起來好像很奇怪，但是假如你去問睡眠的研究者如狄曼，他的反應可能會嚇你一跳：詹森總統是正常的，其他拒絕帶睡衣去上班、不睡午覺的人才是反常的。

詹森總統是對這個星球上幾乎每一個人都有過的經驗做反應。它有很多名字，中午的哈欠、午餐後的低落、下午的愛睏等等。我們把它叫做午睡時區，在下午的一段時間，我們經驗到短暫的昏昏欲睡，在這段期間幾乎沒有辦法做事。假如你想硬撐過去，如我們大部分人一樣，你會發現你整個下午都在跟疲倦打仗，忍不住地哈欠連天。你會如此是因為大腦真的很想休息睡個午覺，不管它的主人想要做什麼。在許多國家，「午睡」的觀念是根深柢固在其文化中，它可以說是對午睡時區的一個外顯的反應。

一開始時，科學家不相信除了睡眠被剝奪以外會有午睡時區這回事，現在他們相信了。我們知道有的人對午睡的感覺比別人更強，這跟中午飽餐一頓沒有關係，但是大吃一頓的人，尤其食物中有很多碳水化合物的話，會特別感到這個需求。我們也知道當你把S處理歷程跟C處理歷程畫成曲線圖時，你會發現它們在同一個時段是平的，這個時段就是下午。這場清醒與睡眠的戰爭來到不分勝負的高峰，雙方勢均力敵，需要很多的能量去維持，有些科學家（不是全部）認為這個張力的平靜造成對午睡的需求。有些科學家則認為晚上睡個長覺、白天睡個短短的午覺，是人類睡眠行為的預設值，是我們演化歷史的一部分。

不管理由是什麼，午睡時區是很重要的，因為我們的大腦在這個時段工作效率不好。假如你是演講者，你應該知道在下午演講幾乎是致命的錯誤，它也真的是致命的錯誤：發生在這段期間的車禍遠高於一天中任何其他時段。

如果你跟詹森總統一樣滿足對午睡的渴求，而非抵抗它，你的大腦接下來就會表現得比較有效率。一個美國太空總署研究發現，飛行員若進行二十六分鐘的午睡，相較於沒有午睡的對照組，可以顯著降低百分之三十四的失誤；有午睡者在反應時間上也提升了百分之十六，而且整天的表現都能維持一定的水準，不會在飛行結束前或夜晚時表現下滑（飛行人員有四十分鐘的休息時間，人類大約花六分鐘入睡，平均午睡長度是二十六分鐘）。另一個研究發現四十五分鐘的午睡在認知表現上有類似的提升效果，而且效果可以撐到六個小時之後。另外，如果熬夜前能小睡三十分鐘，可以讓你的腦子在凌晨時比較清醒。

如果我們睡不夠，會發生什麼事？

既然我們已經知道睡眠進行的方式與時間，你可能還會期待科學家能回答「一個人究竟需要多少睡眠」這個問題，他們的確是有答案的，那就是：「不確定」。你沒有看錯，在累積了千百年的睡眠經驗以後，我們仍然不知道一個人應該睡幾個小時。類推的方法不適用，因為當你挖掘這些人類的資料時，你會發現資料非常個別化，相當地不一致，沒有共同性。更糟的是睡眠的行程表（譯註：幾點該上床，幾點該起床）非常的動態，依男女性別不同，因年齡而不同，還會因有沒有懷孕而不同，更會因你是否在青春期而不同。它有這麼多影響結果的變項，讓人不禁懷疑自己問錯了問題。

所以現在讓我們把問題倒過來問：「多少的睡眠是你不要的？」換句話說，什麼樣的睡眠時間會干擾到我們正常的功能？

失眠＝腦力流失

有一個研究顯示只要一晚的睡眠時數少於七個小時，就可以讓一個功課很好的學生在考試時一敗塗地。假如A學生平常的表現是每一科都在前百分之十，只要她週間每天的睡眠時間少於七個小時，週末比週間多睡四十分鐘，她的成績就會掉到正常睡眠者的倒數百分之九的地方。一週中每天的睡眠不足會累積到週末時補足，如果週末也睡眠不足，就會把這個睡眠債帶到下一週去。

另一個實驗測試了要操作複雜軍事裝備的士兵，假如他們一個晚上沒睡，第二天整體認知技能會下降百分之三十，結果使他們表現不好。假如兩個晚上不睡，這個數字會掉到百分之六十。

另一個研究是限制睡眠，如果每晚只能睡六個小時或更少，連續五天後，認知的表現會跟連續兩晚沒有睡（剝奪睡眠四十八小時）的人一樣。

這些資料告訴我們什麼？那就是，有些人一個晚上至少需要七個小時的睡眠，有些人則是六個小時。然而，你可能也聽過有些人似乎只需要睡四到五個小時就夠了，這些人被稱為患有「健康的失眠症」（healthy insomnia）。基本上，就是要看你自己到底需要多少的睡眠時間才足夠。一旦睡眠時間被掠奪，你的大腦就真的會出問題。

睡眠不足也會損害身體健康，尤其是那些乍看之下跟睡眠無關的身體功能。例如：被剝奪睡眠的人他們把嚥下的食物轉換成能源使用的能力會下降三分之一；製造胰島素和把大腦最愛的葡萄糖轉換成能量的能力也下降很多；同時，你發現你更想要吃東西，因為體內的壓力荷爾蒙上升到失調的狀態。假如持續不睡，會加速身體老化的歷程，例如：一個三十歲身體健康的人，如果剝奪睡眠六天（在這個研究中，平均一晚大約睡四個小時），他身體內的生化狀態馬上就轉換到六十歲的情況。假如實驗做完，他可以睡了，幾乎要一個星期的時間才能將身體系統變回三十歲的情況。

這些研究果顯示失眠的確會使頭腦不清楚，幾乎所有可以測量的思考層面都會受到睡眠不足的影響。睡眠不足會影響注意力、執行功能、工作記憶、情緒、計數能力、邏輯推理能力、一般的數學能力。最後，睡眠不足會影響手的運動技能，包括小肌肉控制的動作，它甚至會影響大動作，如跑步機運動的能力。

那麼，優質的睡眠會帶來什麼呢？

先睡一覺再說吧：一夜好眠的好處

門德列夫（Dimitri Ivanovich Mendeleyev）非常適合演絕頂聰明的瘋狂科學家角色。他的頭髮和意見都很多，他的臉陰鬱有如拉斯浦丁（Rasputin；譯註：俄國惡名昭彰的僧侶，沙皇尼古拉二世及其皇后對他信任有加，因為太子遺傳血友病，而拉斯浦丁宣稱他可以治癒這個病。後來被刺身亡），他的眼神深沉很像彼得大帝（譯註：俄國皇帝，在位期間力行改革，使俄羅斯現代化，但他也有不為人知的殘暴面），而他的道德水準跟上述兩人一樣。他曾經威脅一個少女，如果她不嫁給他，他就要自殺，她答應了，但是她卻不知道門德列夫已經有太太。這件醜聞使他有一陣子不能進俄國皇家科學院（Russian Academy of Sciences）。現在馬後炮來看，或許這個處罰太輕率了，因為門德列夫一手打造了化學系統（譯註：我不同意作者的態度，不能因為一個人有才華便給予雙重道德標準）。他的化學元素週期表把每一個已發現的原子組織成一個表，便於查閱——而且有先見之明地替還沒有發現的原子留了位置，甚至預測了那些未發現原子的特性。但是最特殊的還是門德列夫宣稱他是在睡覺時想到這個週期表的。有一天晚上，他一個人在家，邊玩接龍邊想著宇宙的本質時打起了瞌睡，當他醒來時，他知道宇宙的原子應該怎麼排列了。於是他就創造出這個著名的週期表，很有趣的是他用七為單位來組織原子，就跟玩撲克牌的接龍一樣。

門德列夫並不是唯一從夢中得到靈感的科學家。美國有句俚語：「睡一覺再說」（Let's sleep on it），目前有堆積如山的數據資料顯示一覺好眠可以增加學習的效率。睡眠研究者爭辯著：你怎麼界定學習？到底什麼改善了？關於一覺好眠可以增加學習的效率，已經有非常多的研究，有一個特別突出。

這個實驗是給學生做一序列的數學難題，學生並不知道其實有一條捷徑可以馬上解出來，但他們可能在解題的過程中發現這個捷徑。研究者好奇的是：有沒有任何方法可以加快發現這個捷徑的速度。答案是：有的，如果讓學生們先睡一覺再說的話。第一組是早上十點鐘來實驗室解題目，解不出來時，被告知晚上十點鐘再來做一次；第二組是晚上十點鐘來做，也是做不出來，被告知明天早上十點鐘再來做一次。兩組中間都是隔了十二小時，只不過第一組是早上十點到晚上十點，第二組是晚上十點到第二天早上十點，雖然同樣經過十二小時，但是第二組的人是回家睡了一覺再來實驗室報到。結果第二組的人早上進實驗室再做一次時，二十二人中有十三人發現了捷徑（百分之六十），第一組只有百分之二十的人能發現。他們都是大學的學生，背景知識、智力一切條件都很相似，唯一的不同便是第二組回家睡了一覺。這個實驗後來被別的實驗室重複，不管怎麼改變實驗過程，基本上，有睡覺的一組和沒有睡覺的在解題成功率上的比例，幾乎都是三比一。目前在實驗上也發現睡眠對視覺辨識（從一堆相似的物體中找到目標物的能力）、動作適應（彈性調整動作技巧的能力）、序列性動作上都有幫助，對睡眠好壞最敏感的學習現在已知是程序的學習。只要在前一晚睡眠的某個階段製造一些干擾，你會發現早上測試時，原來睡眠所帶來的學習增進就沒有了。所以，很顯然地，對某些技能的學習來說，睡眠是學習最好的朋友。

我們為什麼要睡覺？

這是一個真實的故事：有一個婚姻很成功、很注意細節的會計師，即使他每晚都睡得很死，還是很忠誠地整晚向他太太報告財務的情形，許多的報告內容是來自白天的活動。（附帶一提，如果他太太半夜把他搖醒，這很常發生，因為他的財政廣播實在太大聲了，這位會計師就會性致勃勃地向太太求歡。）我們會在睡覺時組織我們白天的經驗嗎？這是否不但能解釋前面所看到的數據，同時還給我們一個為什麼我們需要睡眠的理由？

回答這個問題前，我們先來看看另一個實驗。一群研究者在老鼠大腦上插了很多探針，接上了很多電線。這隻老鼠剛學會當牠想要小睡一下得先走出迷宮，牠頭上的電極是插到個別神經元的旁邊，電線連結到一個電源持續開著的記錄裝置，這個記錄裝置讓研究者們可以竊聽大腦的自言自語，就像美國國安局的電話監聽一樣。即使在老鼠那麼小的大腦內，現在的技術已經可以一次放五百根探針，同時監聽五百個神經元在傳遞訊息時喋喋不休的內容。它們在說些什麼呢？

假如你在老鼠學習新的資訊（如學習跑迷宮）時監聽，你會偵察到非常特殊的東西，一個顯然是跟迷宮有關的電刺激型態出現了，它就像以前打電報用的摩斯密碼（Morse code）一樣，一系列的神經元開始發射，它們有特定的間隔和特定的順序。後來，老鼠只要跑迷宮，大腦就送出同樣型態的腦波圖，原來它是老鼠跑迷宮時思考型態的電流表徵（至少是五百個電極偵測到的）。

當這隻老鼠去睡覺後，牠的大腦開始**重播一系列的跑迷宮型態**。很像前面提到的會計師；老鼠在睡眠的某個階段把它拿出來一播再播，重播的速度比白天實際跑的時間快很多，快到這個系列可以重播幾千次。假如一個存心不良的研究生在這個階段（叫做慢波睡眠〔slow-wave sleep〕）把老鼠叫醒，有一件同樣令人驚訝的事發生了，老鼠第二天跑迷宮就發生了困難。老鼠似乎在晚上睡覺時，固化白天學習的東西，打斷睡眠就中斷了學習。

當然，研究者會問，人類的學習是否也是一樣？答案是：我們不但這樣做，我們做的還複雜得多。我們跟老鼠一樣，在睡眠時重播白天學習的經驗，也是在慢波睡眠的階段重播。但是跟老鼠不同的是更多充滿了情緒的回憶，會在睡眠週期不同的階段出現。

這個發現代表了一個像炸彈一樣的想法：某種離線處理歷程（offline processing）在睡覺時發生。人需要睡眠有可能是我們需要把外界隔絕一陣子，使我們能專心來處理認知的內部作業嗎？我們需要睡眠有可能是我們需要學習，而睡眠能使我們學習嗎？

這聽起來都很有道理，當然，真實世界的研究都不能像老鼠實驗那樣乾淨俐落，許多研究的結果很複雜，有時相互牴觸。例如，有腦傷的病人失去慢波睡眠的能力，但是他們仍然有正常、甚至更好的記憶。也有病人的快速動眼睡眠受到抗憂鬱藥物的抑制，但他的記憶也還是正常，並沒有說就不能學習了。因此，怎麼把這些資料跟前面的發現結合在一起，是科學界一個強烈爭論的問題。最近一些研究從老鼠身上得到的新發現，假設大腦利用睡眠時間做大掃除，清除思考時所產生的副產品——有毒分子。隨著時間的進展以及更多的研究，我們對於睡覺時大腦在做什麼以及為何要這樣做，將會有更多的了解。

就目前而言，一致的概念是：睡眠與學習有密不可分的關係。不管是睡得多或少，甚至在任何時刻，這個概念都可被觀察到。我們終於認識到睡眠對我們的生活如此重要！

新想法・新點子

假如企業和學校嚴肅考慮員工和學生的睡眠需求的話會怎樣？一個現代的辦公大樓或學校會是什麼樣子？這些不是無聊的問題，缺乏睡眠造成的損失在美國企業界被估計一年超過一千億美金。

讓時間表與作息型態一致

行為的測驗可以很容易地區分出雲雀、貓頭鷹及蜂鳥來，加上現在遺傳學的進步，你將來可能只要驗血就能畫出你的C處理歷程和S處理歷程的圖表。這意味著你可以知道一天當中哪個時段工作會最有效率。以目前朝九晚五的模式來說，已經有百分之二十的職場人員不是在最佳生產力的狀態。這給了我們一個直接的想法是：不管是大學課表或是工作行程，讓你的時間表符合你的作息型態。

公司可以根據員工的作息型態規劃出不同的上班時間，可能可以增加公司的生產量，同時提高生產品質，更能幫助老是睡不夠的員工改善生活品質。未來的企業必須考慮員工睡眠的需求以及作息型態。

我們在學校教育也可以如法炮製。老師跟學生一樣都有可能是夜貓子，我們為什麼不把作息型態相符的師生配對？這樣或許可以讓老師跟學生都更能勝任自己的角色。當他們睡眠充足時，教育將會更有力，因為老師跟學生都更可以發揮上天給他們的心智能力。

有選擇性的工作行程表還有另外一個好處：人在不同的生命階段對睡眠的需求不同。例如，數據顯示青少年在青春期時會暫時性地轉向夜貓子的生活型態，使得某些學區的高中從早上九點以後才開始上課。這其實是很有道理的，睡眠荷爾蒙（例如：褪黑激素〔melatonin〕）在青春期的大腦中的濃度到達頂點，這些青少年自然會多睡一點，尤其是在早晨的時候。當年紀漸長時，我們的睡眠會減少。一個員工一開始時用某個工作行程表可以得到最大的生產量，當他年紀大了以後，可能要換成另外一種工作行程表才會得到同樣大的生產量。

尊重午睡時間

不要在中午時排開會或上課，因為那時C處理歷程和S處理歷程的曲線都是平的。也不要在這兩條曲線相交的時刻報告或考試，你就不能真的去小睡片刻嗎？但這通常都是說得到做不到。大學生也許可以回去宿舍休息；在家帶小孩的爸媽也可以趁小孩睡覺時小睡一下；

有些上班族會偷偷跑回車上偷寐一會兒。

如果學校跟公司，可以特地安排讓所有人的步調在午睡時段放慢下來，那就更棒了！即便企業主再怎麼不甘願，也該跟尊重午餐和上廁所一樣尊重午睡：認同員工有生理需求。公司可以規畫出一個空間讓員工去睡半個小時，它的好處是直接的——你既然是為了員工的腦力才雇用他，你就該讓他的腦處於最佳狀態。美國太空總署的科學家羅斯崁（Mark Rosekind）說：「還有哪一個經營的策略比得上在二十六分鐘之內，增加百分之三十四的員工表現率？」他就是前面提到進行飛行員午睡和實驗的人。

先睡一覺再說

既然數據告訴我們晚上好眠的重要性，企業界就應該把他們最難解的問題排到一級主管去某個避暑勝地「沉澱」的時候解決（譯註：指公務上的休假，集體去一個不受外界干擾的地方，靜下來，腦力激盪，集思廣益）。到了旅館後，員工把他們工作上所遇到的問題提出來，大家來想解決的方式，但在他們睡足八小時前不要叫他們下結論或分享點子。當他們吃飽喝足睡醒時，我們可以看看在實驗室中所見到的解決問題比率，會不會在公司的團隊中也出現。這相當值得探討！

總結
Summary

大腦守則 *3*

睡得好，想得清楚

★大腦一直處在一種緊張的狀態之下，一邊是要你睡覺的大腦細胞和化學物質，另一邊是要你清醒的大腦細胞和化學物質，雙方在較量。

★當你在睡覺時，大腦神經元仍然非常規律地工作著，或許是在重播你白天所學的東西。

★人們對睡眠的需求量各有不同，對何時去睡也各有偏好，但是午睡的生物驅力則是普遍性的。

★睡眠不足會損害注意力，對執行功能、工作記憶、心情、計數能力、邏輯推理甚至動作的靈活度，都會影響。

第4章 | 壓力

大腦守則 ❹

承受壓力的大腦不能如常地學習

這個實驗無論以任何標準來看，都是一個很爛的實驗。

一隻漂亮的德國牧羊犬躺在金屬籠子的角落哀鳴，牠受到痛苦的電擊故而嚎叫。很奇怪的是，牠其實可以輕易地脫離苦海，籠子的另一邊沒有通電，而且中間的柵欄很矮，不管是被電擊或沒有被電擊的時候，牠都可以輕易地跳過去，但是牠沒有。牠繼續躺在有電的一邊忍受電擊，繼續哀鳴，實驗者必須用手把牠抱過去另一邊，牠才不再遭受痛苦。

這隻狗是怎麼了？

在進入這個籠子之前的幾天，牠先被關在另一個籠子裡，拴上一個通了電的鞍帶接受不可逃避的電擊。一開始，牠不是光站著接受電擊，牠會**反應**。牠痛苦地嚎叫、撒尿，猛烈地想要擺脫身上的鞍帶，想辦法逃避，但是沒有辦法，幾小時甚至幾天過去，漸漸地，牠就放棄了。為什麼？因為牠開始了解，痛苦是無法避免的，電擊不會停止，我逃不出去，我只有逆來順受。因此，當牠被放在一個完全不同的籠子裡，身上也沒有綁皮帶或任何限制牠行動的束縛，逃脫的柵欄又那麼矮，牠還是不會試著反抗，不能明白牠是有選擇的。學習已經關掉了。

讀過心理學的人都知道我在描述一九六〇年代，塞利格曼（Martin Seligman）的實驗，他把這個歷程叫做「習得的無助」（learned helplessness），用來表示無法控制的感覺和相關的認知崩解。許多動物包括人類，當面臨不可避免的處罰時都會有同樣的反應，在集中營的囚犯每天都經驗到這個情況，他們對惡劣無法逃脫的反應也是放棄，他們甚至給了它一個名字Gammel，從德文口語Gammeln來的，這個字的意思就是「爛掉」。或許這是為什麼塞利格曼後來把他事業的重心放在人們如何對樂觀做反應。（譯註：塞利格曼是心理學中新分枝出來的「正向心理學」〔Positive Psychology〕的開山始祖，他的書如《學習樂觀・樂觀學習》、《一生受用的快樂技巧》、《真實的快樂》、《邁向圓滿》等在台灣都有中譯本〔遠流出版〕，作者所描述的實驗是塞利格曼一九六七年就讀賓州大學時發表的論文。他的指導教授是當時行為主義的大師所羅門教授，這個實驗原先是所羅門的實驗，做不成功後由塞利格曼接手過去做。他發現行為主義是錯的，狗也有靈性，不是只有刺激和反應而已；狗不跳是因為牠已絕望了，放棄了。塞利格曼的論文對美國教育界有很大的影響，黑人區的青少年從小接受到的就是像絕望的狗一樣，不論他們怎麼做，都逃避不了貧民窟，所以他們就放棄了，自暴自棄了。我個人並不贊成作者在本章開頭的那一段話，所羅門的實驗的確不是一個溫馨的實驗，但是塞利格曼從中看到了「心」對行為的重要性：你覺得沒有希望，再好的機會也不會利用，要改善黑人的教育要從他們小時候的環境改變起，從自信建立起。德國牧羊犬的確很可憐，牠的痛苦換來了千千萬萬青少年的未來。我們不贊成虐待動物，而且現在已經不會再去做五十年前那種實驗了，但是德國牧羊犬的重大貢獻是存在的，我們對實驗動物都要心存感激，沒有牠們的犧牲就沒有現代醫學的進步。）

為什麼長期性的嚴重壓力會導致行為上這麼巨大的改變，如習得的無助呢？為什麼學習會這麼根本地被改造？讓我們從壓力的定義談起，看生理上的反應，再去看壓力與學習的關係。在這過程中，我們順便談一下婚姻與教養孩子、職場，還有我第一次也是唯一一次聽到我那擔任四年級老師的母親大聲咒罵，那是她第一次真正經歷到習得的無助。

何謂壓力？這要看你怎麼定義它

不是所有的壓力都是一樣的，有些種類的壓力會傷害學習，有些種類的壓力**幫助**學習。再來，我們很難察覺某人是否在壓力之下。有些人喜歡跳傘，把它當娛樂，有人卻把它當最恐怖的夢魘。從飛機上跳下來就一定是壓力嗎？這個答案是否定的，而這也正是壓力的主觀本質。

只看身體對提供壓力的定義也沒有什麼幫助，沒有哪一組特殊的生理反應能夠告訴科學家你現在是否正承受壓力。因為你看到獵食者時因恐懼而畏縮的反應機制，同時也是你享受魚水之歡時的反應機制，甚至是你在吃感恩節大餐時的反應機制。對你的身體來說，劍齒虎、性高潮跟火雞大餐沒什麼差別。興奮的生理狀態是壓力和快感的共通特質。

那麼科學家該怎麼辦？好幾年以前，有才華的研究者金振碩（Jeansok Kim，音譯）和岱蒙（David Diamond）想出一個三部分的定義，涵蓋了很多基本的層面。在他們的觀點裡，假如這三個部分同時發生，那麼這個人就是在壓力之下了。

第一部分——可測得的生理反應：生理狀態是因面對壓力而激起的反應，而且它一定要能被外界測量到。我在我十八個月大的兒子第一次在盤子裡看到紅蘿蔔時的反應上，看到了這個定義，他立刻暴怒，又哭又叫，還尿濕他的紙尿褲，他激起的生理狀態馬上被他爸爸測量到，而且可能連離我們家餐桌八百公尺遠的人都可以測量到。

第二部分——逃離這個情境的渴望：壓力源必須是令人嫌惡的。如果可以選擇的話，你寧願不要有這個經驗。這顯然是我兒子當下所採取的立場，他立刻把紅蘿蔔從盤子上抓起來，扔到地上。然後，他從他高椅子上爬下來，想去把紅蘿蔔踩爛。

第三部分——失去控制：壓力源必須是令人感到無法控制的。好像情緒的收音機有個控制鈕一樣，你越失去控制力就感受到越大的壓力。這個自主控制和它的孿生兄弟，可預測度，是習得的無助的核心。我兒子這麼強烈的反應是他知道我要他吃紅蘿蔔，而他過去都是服從我的命令，做我要他做的事，所以在這件事上，他是沒有控制權的。雖然我把紅蘿蔔撿起來，洗乾淨了，在我肚皮上擦擦，很熱切地說：「好吃，好吃。」他還是不肯吃。而更重要的是，他一點也不想吃紅蘿蔔，而且他也知道我一定會要他吃下去。對紅蘿蔔沒有控制權的感覺就等於對行為沒有控制權。

當有了壓力的三部分定義後，你就可以在實驗室中測量壓力了。當我談到壓力時，我通常指的是符合這些定義的情形。

我們是被設計成抵抗短暫的壓力

你可以感覺到你的身體在對壓力做反應：你的脈搏加快，血壓升高，你突然覺得精力充沛。這是你的腎上腺素（adrenaline）在作用。大腦中央有個像豌豆那麼大的神經組織叫下視丘（hypothalamus），當你的感覺系統偵察到壓力時，它會送指令到腎臟最上方的腎上腺，這個腺體立刻把腎上腺素倒入你的血液中。這整個反應就叫做「戰或逃」（fight or flight）反應。還有另外一種荷爾蒙也在工作，也是由腎上腺所分泌，也跟腎上腺素一樣有威力，它就是皮質醇（cortisol）。皮質醇是我們對施壓者第二波的防衛反應，只要一點量就夠了。它把壓力的不愉快層面抹乾淨，讓我們回到正常狀態。

我們的身體為什麼需要這麼麻煩才能面對壓力呢？這個答案很簡單，假如沒有一種有彈性的、立即可用的、訓練有素的壓力反應，我們會死亡。你還記得前面說過，大腦是世界上最精密的生存器官，它所有複雜的結構和功能都是為了一個目的：活到足以把基因傳到下一代身上。我們對壓力的反應幫助我們處理威脅，那個會使我們基因傳不下去的威脅。

那麼，在我們演化的早期，是什麼樣的威脅使我們擔心不能生存下去呢？抵禦我們的掠食者絕對會在排行榜的前十名；身體的傷害也是一個。在目前的社會，腿斷了表示去看醫生，在遠古的時候，腿斷了通常表示被判了死刑。天氣也是該擔心的項目之一，食物是另外一個，有很多**立即的**需求會馬上浮現你的心頭。在我們祖先的時代，很多事情是不必花很長的時間去解決的，劍齒虎是吃掉你、你逃走，或是人數眾多時，大家合力來刺殺牠，整個事件通常在瞬間解決。所以，我們的壓力反應是被塑造成在幾秒鐘之內就得解決問題的那一種，它主要的設計是用肌肉讓我們盡快離開危險地方。

現代，我們的壓力不是遇見山獅那種需要當下的反應，而是需要經過幾個小時、幾天，甚至經年累月地面對忙亂的辦公室、哭叫的小孩，以及金錢的問題。我們的系統建立時不是為了處理這種壓力，當中等程度的壓力荷爾蒙逐漸累積成大量的荷爾蒙，或中等程度的壓力荷爾蒙擱置太久時，就會變成傷害。這是為什麼一個本來完美和諧的系統會瓦解到足以影響成績單或績效評估的結果，還有鐵籠子中的狗。

心血管系統

壓力影響的不只我們的大腦，還有我們的身體，有好有壞。短期內立即的壓力會增加心臟血管的表現——你可能聽說過老祖母有神力把車子抬高，拉出壓在下面的小孫女。但是長久來說，太多的腎上腺素會使你的血管內壁結疤，這些疤使血液中的黏稠物質附著、累積在上面，形成團狀的斑塊，最後阻塞你的血管。假如這發生在心臟血管中，你就有心臟病；如果在大腦中，你就中風。所以，在長期壓力下的人，得心臟病和中風的機率比較高。

免疫系統

壓力同時會影響你的免疫系統。一開始時，壓力的反應會使你的白血球增多，把它們送到最容易受傷的前線，如皮膚。緊急的壓力甚至能使你對流感疫苗有比較好的反應，但是長期性的壓力會讓這一切都反轉過來，它減低你的白血球數量，甚至殺死白血球。長期看來，壓力會破壞免疫系統中製造抗體的部分，這會使你的抵抗力減弱，容易受到感染。長期的壓力會騙你的免疫系統漫無目的胡亂攻擊，甚至把你自己的身體當成目標。因此，處在壓力下太久的人非常容易生病。有一個研究發現有壓力的人比一般人得感冒的機率高三倍，特別是那些壓力和社交狀況有關而且持續超過一個月的人，他們也比較容易得到自體免疫系統上的毛病，如氣喘和糖尿病。

如果想知道免疫系統對壓力有多敏感，你只要去看在洛杉磯加州大學（UCLA）做的一個實驗就夠了。有幾位訓練過的演員們要練習「方法派演技」（Method acting），假如劇本要你恐懼，你就去想一件令你非常恐懼的事，一邊把台詞背出來。有一整天，演員們只要去想快樂的事，另一整天想悲哀的事。研究者在這同時抽他們的血，持續評估他們的免疫系統。在「快樂回憶」那天，免疫系統是健康的，有很多的免疫細胞，隨時可以出動去攻擊敵人；在「悲傷回憶」那天，他們的免疫反應顯著下降，免疫細胞不多、不強壯、不能馬上出發去攻擊敵人，這些演員比較容易被感染。

■記憶和問題解決

壓力也會影響記憶。人類記憶的戰堡是海馬迴，它上面有很多的皮質醇受體，就像火腿上的丁香一樣（譯註：古代沒有冰箱，要保存食物只有加以醃製或曬乾，火腿是醃製的豬腿，為了去除腥味，上面會放一些丁香，講究的人把丁香在火腿上排成井字形、星形的圖案，目的是把丁香均勻分配到火腿的每一個角落，「火腿上的丁香」就成了密密麻麻的意思），這使海馬迴非常容易對壓力訊號起反應。假如這壓力不太強，大腦在壓力下的反應反而比沒有壓力時好，這個人就可以比較有效率地解決問題，也比較容易保存住訊息。這有演化上的原因：要能在非洲大草原上生存，我們要牢牢記住哪些東西會威脅到我們的生命，哪些不會。那些能夠馬上記住這個經驗的祖先們（通常也是馬上能夠提取這個回憶的人）就比較可能存活下來。的確，研究發現，壓力經驗的記憶幾乎馬上就在大腦中形成了，在危機時，它們也能夠馬上被提取出來。

假如壓力太大或持續太久，那麼壓力會開始傷害學習。壓力大的人數學做不好，語言的處理不夠快，記憶力也不好，不論是長期記憶或短期記憶。有壓力的人不能把過去的訊息類化到新的情境，也不會修改舊的訊息以適應新的需求，他們不能專注。在所有可以測試的項目上，長期性的壓力都會傷害我們學習的能力。有一個研究顯示，壓力大的人在陳述性記憶（你可以說得出來的事情）及執行功能（解決問題和自我控制的思考型態）上的測驗表現，跟壓力小的差了百分之五十。這些當然都是想在學校、職場和關係表現出色所需要的能力。

我記得一位好朋友告訴我的一個故事。他是飛行教練，他有一位學生非常聰明，在課堂中學得非常好，在模擬機中表現優異，當真正飛上天空時，她更表現出天生飛行員的技術，即使在快速變化的氣候中，也能做出即時的反應。有一天，教練看到她在空中做了一個不專業的舉動，他那天心情不好就罵了她，他把她的手從方向盤上推開，憤怒地指著儀表板，學生嚇呆了，趕快想改正她的錯誤，但是緊張之下，犯了更多的錯誤。她說她不能思考了，把頭埋在手掌中哭泣，教練接過手讓飛機安全降落。有很長一段時間，這個優秀的學生不願再接近同一架飛機的駕駛艙。這件事不但傷害了老師和學生之間的關係，也傷害了學生學習的能力。這件事使教練耿耿於懷，假如他能預測學生對他威脅性的行為會有什麼反應，他絕對不會那樣做。當我們想教另一個人時，我們跟這個人的關係是很重要的——不論你是父母、老師、上司或者同儕。雖然我們討論的是駕駛飛機，但是它的成功卻決定於感覺。

壞人：皮質醇

造成上述傷害的生物原因有兩種：一個是好的分子，一個是壞的分子。壞的就是前面談過的皮質醇，它是「糖皮質素」（glucocorticoids）的一部分，通常被稱為壓力荷爾蒙。這些荷爾蒙是從腎上腺分泌出來的，腎上腺本來在大腦中，在演化的過程中，不知怎的，掉了下來，落在我們腎臟上頭，所以稱之為腎上腺，但是它原籍在大腦，所以它只對神經的訊號起反應，以示不忘本。

壓力荷爾蒙可以對你的大腦做出很惡劣的壞事，假如你讓它進入你的中央神經系統的話。壓力荷爾蒙似乎特別喜歡海馬迴的細胞，這就麻煩了，因為海馬迴跟人類學習的很多層面都有關係。壓力荷爾蒙會使海馬迴的細胞比較容易受到其他壓力的傷害，壓力荷爾蒙可以把神經網路之間的連結剪斷，神經網路是大腦細胞所組成的網，像個保險箱似的，儲存了你最珍貴的記憶。例如：英國戴安娜王妃的保鏢，他在王妃車禍死亡的那一天也坐在車上，直到今天，他還是回憶不出車禍之前幾個小時和車禍之後的事情，失憶症（amnesia）是對嚴重創傷的標準反應。它的兄弟，遺忘，在壓力不是那麼大但是無所不在時，容易發生。

壓力荷爾蒙可以停止海馬迴製造新的神經元，在極端的情形下，壓力荷爾蒙還會殺死海馬迴的細胞。嚴重的壓力在大腦傷害的神經組織，就是能夠讓你的人生成功的海馬迴。

長期壓力最狡猾的效應就是把人推往憂鬱的深淵。我不是指一般人生活上所遇到的「心情不好」，我也不是指親人過世這種因為悲劇而產生的那種悲傷。我指的是每年使八十萬人企圖自殺的那種憂鬱症，這種疾病就跟糖尿病一樣，是種生理上的病，而且還更致命。長期性的壓力會把你帶進憂鬱症的門口，然後把你推進去。憂鬱症是思想過程的瓦解，包括：記憶、語言、推理能力、流動智慧，還有空間知覺。這份名單很長，裡面的項目你也很熟悉，但是它最主要的註冊商標你可能不是那麼熟悉，除非你得了憂鬱症。許多覺得沮喪的人同時也覺得他們沒有辦法從憂鬱中走出來，他們覺得生活的電擊是永久性的，情況永遠不可能好轉，即使**可以有**辦法走出憂鬱症——現在很多治療都很有效——他們還是看不到。這個狀態讓人覺得太無助了，導致於憂鬱症的人不會去尋求治療。比起無法相信自己能擺脫心臟病，他們更沒有辦法相信自己能走出憂鬱症。

很顯然地，壓力傷害學習，更重要的是，壓力傷害人。

英雄：ＢＤＮＦ

大腦似乎知道這個嚴重性，所以它同時給了我們一個好的英雄，我們在第二章〈運動〉提過，它就是大腦衍生神經滋養因子（ＢＤＮＦ）。ＢＤＮＦ是蛋白神經胜肽（neurotrophins）中的主要成員，它在海馬迴中的作用就像是維安部隊，在充滿敵意的環境中，使神經元存活並生長。只要有足夠的ＢＤＮＦ在旁邊，壓力荷爾蒙就不能肆虐。

那麼，這個系統為什麼還會崩潰？問題出在太多的壓力荷爾蒙留在大腦中太久，也就是長期性壓力的情況，特別是習得的無助的那種壓力。ＢＤＮＦ雖然非常的好，但是假如糖皮質素很多、很強而且攻城很久的話，ＢＤＮＦ會寡不敵眾。就像城堡被侵入者攻破一樣，太多的壓力荷爾蒙最後會打敗大腦自己的防衛兵，摧毀它們。假如數量夠的話，壓力荷爾蒙甚至可以關掉製造ＢＤＮＦ的基因，使海馬迴的細胞不能再生產ＢＤＮＦ，造成持久性的傷害。你沒聽錯，它們不但可以打敗我們自己的防衛系統，還可以把它關掉。

基因上的緩衝器

無法控制的壓力對大多數人的大腦不好，當然「大多數」並不是指「全部」。就像在一個黑暗的房間裡隨便點上一根蠟燭一樣，你照亮了某個本來沒有注意到的角落，也就是說你從某些人身上看到了人類某些行為，而且相當地清楚。他們的故事說明了環境和基因的複雜性。

吉兒出生在一個貧民區的家庭，她的父親在她很小、尚未入學前就性侵她和她的妹妹，她的母親因為精神崩潰，進出精神病院兩次。當吉兒七歲時，她煩躁不安的父親把家人都叫到客廳，當著大家的面，用手槍頂著太陽穴說：「是你們逼得我這樣做的。」然後把他自己的頭轟掉。她母親精神狀態持續惡化，陸續進出精神病院很多年。當她母親在家時，她會打吉兒。在吉兒十幾歲時，她被迫半工半讀，賺錢貼補家用。當吉兒長大後，我們預期她會有很深的心理傷痕、嚴重的情緒傷害、酗酒、吸毒、嗑藥，或甚至未婚懷孕等情況。但是吉兒並沒有，她長成一個很迷人、在學校很出鋒頭的女孩。她成為一個很有才氣的歌唱家、書卷獎的好學生、高中學生聯誼會會長。從任何測驗的角度來看，她都是一個情緒穩定、適應良好的孩子，沒有受到童年不幸經歷的影響。

她的故事刊登在著名精神醫學期刊上，說明了人類對壓力的反應是很不相同的。精神科醫生很早就觀察到有人對壓力的忍受度高，有人低。分子遺傳學家一步一步解開這個謎。有些人的基因可以保護他們不受壓力的傷害，即使是長期性的也無妨。研究者分離出一些這種基因，未來我們說不定可以區分出壓力容忍性和壓力敏感性的人，只要抽一滴血，看看這些基因是否存在就可以了。

每個人有自己的引爆點

我們要如何解釋人類面對壓力時的種種反應——不管是典型反應或是例外？答案是，壓力是中性的，令人討厭的刺激不好也不壞。壓力是否變得有害，要看壓力的嚴重程度、身處壓力下多久，和你的身體處理壓力的能力。壓力在超過了某一點後，會變得有毒，麥克宜文（Bruce McWen）把這一點叫做「生理恆定負荷失衡」（allostatic load）。allo 是希臘文的可變動的意思，statisis 是平衡的狀態。他的想法是我們有著各種可調節應變的系統，使我們保持穩定，複雜的壓力系統就是其中的一個。大腦協調這些身體的改變——從荷爾蒙改變到行為改變——以因應可能的威脅。

家庭裡的壓力會在學校顯現

在我第一次，也是唯一的一次聽到我母親罵粗話時，我就明白了麥克宜文提的這個模式。你可能還記得，我母親是位教小學四年級的老師。有一天，我待在房間裡，我母親並不知道我在家，她在她房間裡改作業。她在改她最喜歡的學生凱莉的作業，這個女孩有著棕色的頭髮，是個很可愛的甜妞兒，她是每個老師的夢想學生：聰明、伶俐、有很多的朋友。凱莉在上學期的功課非常好，但是到下學期就不一樣了。我母親在聖誕節後，下學期開學第一天，凱莉走進教室時就發現不對了。她的眼睛低垂，大部分的時間不看別人，開學不到一個星期，她就跟別人打了生平第一次架；再下一個星期，她得了生平第一次C，結果這個C還是高的，因為後來她的成績都在D和F之間徘徊。她被送到校長辦公室很多次（譯註：美國老師不在班上管教學生，因為老師只有一張嘴，管教了這個學生，就剝奪了其他學生的受教權，同時校長的管教都是私下在校長室進行的，替學生留了面子。因此，在班上行為不當的學生是送往校長室，由校長去處理）。我母親很痛心，決心找出讓凱莉功課一落千丈的原因。她發現凱莉的父母親在聖誕節時決定離婚，以前父母刻意隱瞞凱莉的家庭衝突也因為離婚的關係都暴露出來。家中沒辦法解決的問題，也會被帶到學校裡。在那個下雪天，當我母親給凱莉的拼寫作業第三個D時，她同時咒罵著：「該死！」她大聲說：「凱莉在我班上讀得好的能力跟我上的課無關！」聽到她說這些話時我僵住了。

當然，她是在說學校生活和家庭生活之間的關係，這個關係讓很多老師感到挫折，因為對學校學業表現最重要的預測指標是家庭的情緒穩定性。

關於壓力對學業的影響，我有第一手的經驗。在我高三那年，我母親被診斷出罹患了不治之症，她那天很遲才從診所回來，想要做晚餐。但是當我看到她時，她只是瞪著廚房的牆壁，她躊躇著把她患了不治之症的事告訴我，好像這個還不夠似的，她又丟了一枚炸彈下來：我父親已經知道她的病況，他沒有辦法好好處理這個狀況，現在正在申請離婚。我的胃好像被人重擊一樣，有幾秒鐘的時間我不能動彈。第二天去上學，以及後面的十三週都像大災難似的，我不記得老師上了些什麼，我只記得眼睛瞪著課本，心裡想著這個了不起的女人教會了我讀書，又教會了我喜愛書，我們以前有著非常快樂的家庭，這一切都馬上要結束了。我母親那時的感覺一定比我可以想像的還更糟，但是她從來沒有說。我不知道該如何反應，我的朋友在我與他們漸行漸遠時，也離我而去。我失去了專注的能力，我的心思遊蕩回童年的時候，我的學業變得一塌糊塗，我拿到上學以來唯一一個D，而我完全不在乎。

雖然這麼多年過去了，我還是很難回憶高中那一段日子。但這清楚說明了大腦守則4：壓力下的大腦跟沒有壓力的大腦學習方式是不一樣的。

我的悲哀至少還有終點，在一個情緒不穩定的家庭中長大的兒童，壓力似乎是無止盡的。先來說一下兒童目睹父母吵架這個常見的情形，兒童們深受無力解決父母婚姻衝突這件事的干擾，他們把耳朵蓋住不要聽、緊握著拳頭一動不動地站在那裡、哭泣、皺眉、求父母不要吵架。一個又一個的研究發現兒童（甚至六個月大的嬰兒）會對父母的爭執產生生理的反應，他們的心跳加快、血壓升高。不管什麼年齡，只要看到父母天天吵架，他們尿液中的壓力荷爾蒙都比較高。他們也比較難調節情緒、使自己平靜下來、或轉移注意力。他們無力停止父母的爭吵，而沒有控制權正是情緒的大敵。你已經知道，能不能感到自己有控制權，對一個人認為他有沒有壓力有強大的影響，他們正經驗到生理恆定負荷失衡。

既然壓力可以很有力地影響學業，我們可以預測在高焦慮家庭中長大的孩子學業表現會不如在溫暖家庭長大的孩子。這正是研究顯示的，家庭中婚姻不和在任何一個可以被測量的項目中，在任何年紀，都會負向地影響孩子的學業。一開始的研究集中在學業總平均上，結果發現父母離婚組和對照組的學業成績有很大的差別。即使父母住在一起，在情緒不穩定的家庭中長大的孩子成績還是比較低，在標準的數學和閱讀測驗上表現也不好。後來再仔細分析，發現不是離婚而是父母的吵架次數和情況，可以預測學業表現的失敗。

衝突的程度越嚴重，對學業的表現影響越大。老師一般對家庭中有衝突的孩子，評語都是智慧和能力比較低。這樣的孩子，他們中輟、在青少年期懷孕的機率是別人的三倍，生活在貧窮之中的機率則是五倍。如社會工作者懷海德（Barbara Whitehead）在《大西洋月刊》（*Atlantic Monthly*）中所寫的：「老師發現許多小孩有情緒上的分心，他們的心思被家中爆發性的爭吵和不安所佔據，以至於無法專心在不需要花很多腦力的作業上，如背乘法口訣。」

他們身體健康變差、請假曠課、逃學增加。曠課會增加可能是因為壓力耗掉他們的免疫系統，增加了感染機會。雖然這些資料還沒有得到一致性的結論，但現在有很多的證據顯示在有敵意環境長大的孩子，將來得某些精神疾病的機率比較高，如憂鬱症和焦慮症。在孩子長大以後，會把童年壓力的影響帶進成年後的人際關係跟工作職場。

工作上的壓力：無法忽視的昂貴代價

諾瓦克（Lisa Nowak）曾經是個戰鬥機飛行員，得過電子戰爭專家勳章，漂亮又聰明。政府花了幾百萬美元訓練她成為一個太空人。她也是三個孩子的媽媽，在她最重要的一次任務——太空任務控制專家——之前一個月，她的婚姻正瀕臨離婚的邊緣。她把武器放在汽車裡，抓了一些偽裝的物品，甚至帶了一些成人紙尿褲，使她不必停下來上廁所。她從德州的休士頓一直開到佛羅里達州的奧蘭多，綁架一個她認為威脅到她與喜歡的同事之間關係的女人。結果她不但沒有成為美國最有挑戰性的科技小組領導人，反而在等待受審。她的罪名是企圖綁架及非法侵犯。後來諾瓦克被判有罪並被處以較輕的罰則，而且以非榮譽的退伍方式提前退休。她永遠不可能再飛了，這讓這個悲傷的故事更令人感到心碎，也使政府花在她身上的訓練費泡湯。但是這幾百萬美元跟所有因職場壓力造成的損失相比還是小錢。

美國壓力研究中心估計，美國企業界每年因為工作相關壓力所損失的金額高達三千億美金，這涵蓋了健康醫療花費、員工補償津貼、員工流動、請假缺勤等等造成的花費，其中又以請假缺勤造成的影響最為嚴重。大約每天有一百萬美國人因為壓力的緣故請假在家沒去上班（其中百分之四十是由於在職場感受到緊繃壓力！）美國勞工部勞動統計局的數據顯示，因為壓力造成的平均請假天數是二十天，這代價很高。對公司來說，員工請假一天所損失的利益相當於該員工兩天的產值。如果持續的壓力轉變成憂鬱，公司要承受的將是智慧資本的流失。憂鬱會損傷流動智慧、解決問題的能力（包括計量推理能力）及記憶的形成。在一個以知識為基本的經濟中，智慧的靈敏技巧常常是生存的關鍵，這真是個壞消息。然而，公司高層對壓力這件事總是敷衍了事。

讓職場變成壓力鍋的原因

要判斷你的工作職場是充滿壓力還是具有生產力，可以從三件事著手：你所經驗到的壓力種類、工作中刺激與無聊之間的平衡、及你的家庭生活情形。

職場壓力是兩項惡性事實的混合：⑴工作量太重，⑵你對自己的表現好壞沒有主控權。這聽起來就像習得的無助的公式。從正向來說，恢復主控權可以使團體恢復生產力。有些公司開始推行減壓計畫，其中包括現在日漸流行的「正念覺知訓練」（mindfulness training）。正念覺知是一種控制冥想的形式，教你學習不帶評價地覺察環境與活在當下，以及其他的練習。有些公司測試這個計劃是否有效，結果是肯定的。在一間保險公司參加正念覺知訓練的員工裡，大約有百分之三十六的人在接受訓練後明顯感受到壓力下降，百分之三十的人改善了睡眠品質，這個訓練也被發現能有效地改善憂鬱。

主控權不是生產力唯一的因素，在生產線的員工，日復一日做著同樣的工作，雖然他們對工作有主控權，但是工作的呆板單調性也是使大腦麻痺的壓力來源。怎樣才可以使職場生活刺激一點？研究發現若能加入一些不確定性，對生產力會有幫助，尤其對聰明、有動機的員工。他們需要的是控制和不能控制中間的平衡。一點點的不確定性會驅使他們去尋找獨特的問題解決策略。

第三個特性，如果你是經理就不必看了，因為不關你的事。我要談的是員工的家庭生活對職場生活的影響。我不認為個人問題和職場生產力之間有防火牆這回事，因為我們沒有兩個大腦，不能在辦公室時用一個腦，回到家用另一個。辦公室壓力無可避免地，一定會影響家庭生活，引起家庭更多的壓力；家庭壓力增高，職場壓力也隨之增高，這個壓力又被帶回家中，造成惡性循環，研究者將這種急轉直下的情形稱之為「工作—家庭的衝突」（work-family conflict）。如果你是個員工，你可能很滿意工作中的自主性，也跟同事相處得很好，但是假如你的家庭生活一團糟，還是會有壓力的負面效果，你的雇主也是如此。

不論在學校或職場，我們都一直看到家庭情緒穩定性的深切影響。既然如此，有什麼事情是我們可以做的呢？這個答案出乎意料之外的是：或許有。

婚姻輔導

著名的婚姻研究者高特曼（John Gottman）在與夫妻兩人互動三分鐘後，就可以預測這個婚姻能不能維持下去，正確率高達百分之九十。高特曼的預測記錄獲得同儕審查期刊的證實，他或許一手掌握了美國教育界和企業界的未來。

他怎麼做到的？經過多年的仔細觀察後，他區分出幾種特定的婚姻行為（正面與負面都有），發現它們有很強的預測力。但是他對這種預測的研究並不滿意，因為這好像告訴某人你得了有生命危險的病，卻沒有辦法治療一樣。所以他後來的研究是去找出介入輔導的方法，給他們一些實際可行的忠告。他的婚姻介入策略是加強絕對可以增加婚姻成功的行為，除去那些保證會使婚姻失敗的行為。即使是最小的型式，他的介入方式使離婚率降低了百分之五十左右。這個介入方法到底是什麼呢？他教夫妻如何減少彼此敵意互動的頻率和程度，這種回歸文明的做法除了重新建構婚姻之外，還有很多正向的副作用，尤其是他們有孩子的話，而這些夫妻通常都有小孩

高特曼研究婚姻的對象經常是剛成家的夫妻檔，當小寶寶一出生，高特曼注意到夫妻之間互動的敵意就大大升高了。這裡面有很多的原因：從晚上要餵奶、換尿片所以睡眠不足，到要買奶粉尿布增加家庭負擔，更加上小東西不停地需要大人的注意力來滿足他的需求（研

究者算出來是一分鐘三次）。到孩子一歲大時，夫妻之間的滿意度已下降了百分之七十。這時父母憂鬱症的機率從百分之二十五升高到六十二，夫妻兩人離婚的機率也升高。這表示美國的嬰兒常常是誕生在一個情緒不穩定的世界中。

這個觀察給了高特曼和他的同事薛匹洛（Alyson Shapiro）一個主意，假如他們在母親懷孕時就把婚姻輔導介入策略教給這對夫妻，可以避免一些不幸嗎？他們可以在敵意的水閘打開前就把它關掉嗎？可以在憂鬱比率衝上屋頂之前把它擋住嗎？從他多年的研究來看，他已經知道婚姻的情況的確會改善。他擔心的是孩子，一個情緒穩定的環境對嬰兒發展中的大腦神經系統有什麼影響？高特曼決定要找出答案。

這個研究計畫叫「帶嬰兒回家」（Bringing Baby Home），已經展開了幾年。他教這些未來父母婚姻輔導介入的策略，不論他們的婚姻有沒有問題，然後評估他們的嬰兒的發展。高特曼和薛匹洛挖到了一個資訊的金礦，他們發現在經過介入輔導的家庭長大的嬰兒跟在對照組家庭中長大的嬰兒不一樣：他們的神經系統發展的方式不同；他們的行為不在同樣的情緒宇宙中。介入輔導組的孩子哭得比較少，有比較強的注意力轉移行為，對外界的壓力反應很穩定。在生理上，所有介入輔導組的嬰兒都顯示健康的情緒調節，而對照組則正好相反，是一個不健康、組織不良的神經系統。當父母的情緒穩定時，不但他們的婚姻情況改變了，他們也改變了孩子。我想高特曼的發現能夠改變世界。

新想法・新點子

人們在自己家中做什麼事那是他的事，別人管不著；但是很不幸地，人們在家做的事常會影響到大眾。有一個人最近從德州搬到華盛頓，他非常痛恨這個新家，所以決定離開。他偷了鄰居的車（這是這個月的第二次），開到附近的機場，找了一個方式騙過機場的警衛和航空公司的人員，跳上一架飛機，免費飛回了德州。他這一切非法行為都是在他十歲生日之前的幾個月做的，這孩子來自一個有問題的家庭，你應該一點也不驚訝聽到這個故事，他也絕不是唯一的一個。假如我們不設法改變他們的生命歷程，過去認為教養這類孩子是非常私人的事，很快就會變成公共的問題了。我們如何透過掌握大腦守則（高壓力的大腦跟沒有壓力的大腦學習方式是不一樣的）來改變我們教育孩子、教養小孩和工作的方式呢？我有一些想法。

先教父母

目前的教育系統從小學一年級開始，大約是六歲，教的課程是一點書寫、一點閱讀、一點數學。老師通常是完全陌生的人，而且有些重要的事情被遺漏了。雖然家庭的穩定性是孩子未來學業成就最好的預測指標，但在學校中還是完全被忽略。而我們應該如何正視這個問題產生的影響？

我的看法是教育系統何不從父母開始教起？教些什麼呢？如何創造出穩定的家庭生活。用高特曼的輔導介入策略，在醫院產房就開始進行，就像拉梅茲課程（Lamaze class；譯註：幫助產婦在生產時減少痛苦，使生產順利的課，一般在懷孕七個月後，夫妻一起每週一次到醫院上課，課程很短，大約三十分鐘到一個小時，都在晚上醫院下班後，利用醫院的空間來上課），所需時間差不多，不會增加醫院什麼負擔，而醫療系統和教育系統將會發展出獨特的合夥人關係。這門課從孩子出生的開始，就使教育變成一個跟全家都有關係的家庭事件。

從嬰兒出生後一週開始，父母和寶寶可以一同參加一個依據嬰兒神奇的認知能力設計的課程，從嬰兒語言的學習，到他需要很多的遊戲時間，統統都在課程中替他規畫好。父母可學到如何與他們的寶寶說話，什麼類型的物品可以幫助寶寶學習認識外在世界。（這**不是**要替廠商指出另一條商機，把嬰兒在出生頭一年就變成小愛因斯坦。大部分這類產品並沒有經過測試，有些還被發現有害學習。我的想法是這個課程必須是成熟的、經過嚴格測試，目前這種教材並不存在，這也是另一個教育者和腦科學家應該攜手合作的理由。）同時，父母要去上活化婚姻的課程，以確保家庭的穩定性。你可以想像一個孩子若在這種情緒穩定的環境中茁壯時，他未來學業的表現會是什麼樣嗎？我只能說，他的未來是無可限量的。至少，高特曼的婚姻介入策略已經可供夫妻查詢，都可以參考看看。

免費的家庭諮商及托嬰服務

從歷史上看來，人們通常在就業的頭幾年做出他最好的成績（有時是改變世界的豐功偉績），在經濟學的領域，大部分贏得諾貝爾獎的研究是在得主剛起步的頭十年內做出來的。愛因斯坦在二十六歲時發表他最有創意的想法，難怪很多公司只想雇用年輕、有才幹的人。

現代經濟的問題在於人們在他們應該有最好的工作表現時，就開始組織家庭、養育下一代，他們在一生最緊張、壓力最大的時候要發揮生產力。如果公司可以在這個時候幫助職員解決這些生活上的衝擊，給新婚或剛懷孕的員工高特曼輔導介入課程，對公司的生產力會有很大效益，甚至得到忠心、感恩的員工。

假如公司沒有一些應變措施的話，也會在這種時候流失他們最好、最聰明的員工，尤其是女性員工。假如一個有才華的人不必在事業和家庭之間做選擇的話，會怎麼樣？公司可提供辦公室托嬰服務與彈性工時，使公司可以在員工最有價值的時候留住他們。如此受惠最大的將會是女性員工，公司也能立刻能夠達到性別的平衡。我想，這項福利會大大提高產能，而且花在托嬰服務的支出將會被公司收益給抵消掉。公司不但可能有比較穩定的員工，還可能養育了比較健康的孩子，成為下一代的員工。

擁有掌控力

坊間有很多書討論如何處理情緒，好的書都會提到一個關鍵──重新拿回你生活的主控權。對個人來說，這可能代表辭掉一個充滿壓力的工作，或者離開一個恐怖情人。

公司可以根據金振碩和岱蒙的定義所發展出來的問卷偵察出與壓力相關的工作問題，評估員工是否感到無力，下一步便是去改變這個無力感的情境。

壓力研究、教育學者以及商業專家都認為壓力對人類有影響，我認為這不是巧合。自從一九七〇年代，塞利格曼不再電擊狗來做實驗之後，我們已經知道很多壓力跟學習和工作表現的關係。現在該是我們動手改變環境的時候了。

規律地運動

就算你從沒有經歷過無法控制的壓力，你還是可以試著減低日常生活的緊張。只要一個禮拜做幾次有氧運動，每次三十分鐘，就能有效使你的大腦衍生神經滋養因子保持活躍。

總結
Summary

大腦守則 4

承受壓力的大腦不能如常地學習

★身體的防禦系統（腎上腺素與皮質醇的分泌）是設計來對眼前立即的危險刺激做反應的，如劍齒虎的攻擊。長期的緊張和壓力，如家中的敵意，會瓦解你的防禦系統，因為它是演化來處理短期反應的。

★在長期慢性壓力之下，腎上腺素會在你的血管上留下疤痕，這道疤會累積黏性物質，以後造成心臟病或中風。皮質醇會傷害海馬迴的細胞，降低你學習和記憶的能力。

★對個人來說，最糟的壓力是你覺得對問題沒有主控權，覺得無助、無力。

★情緒的壓力對社會有巨大影響，它跟學生的學習和員工的生產力有重要關係。

第5章 大腦迴路

大腦守則 5
每一個大腦的配線都不相同

麥可．喬丹（Michael Jordan）這麼好的運動員會失敗很令人想不通，不是嗎？一九九四年，世界上最好的籃球員——被美國著名體育頻道ESPN譽為二十世紀最好的運動員——為了完成童年的夢想和父親的心願，他決定不再打籃球而改行去打棒球。結果成績慘不忍睹，他只打了一個球季，整季的打擊率只有兩成，外野守備失誤了十一次，是大聯盟中表現最差的球員。喬丹的表現差到連當三A球員的資格都不夠，雖然令人不能相信像他這麼好的運動員怎麼會決心投入棒球還輸得這麼難看，但是事實就是如此。

同一年，另一個運動史上的傳奇人物小葛瑞菲（Ken Griffey Jr.）在棒球場上表現非凡。小葛瑞菲像喬丹一樣，也是外野手，但是跟喬丹不一樣的地方是，他以接殺高飛球聞名，人家說他的身子好像漂浮在空中一樣。漂浮在**空中**？這不正是「飛人喬丹」最擅長做的事嗎？但是棒球場顯然跟喬丹不來電，很快他就回到他的大腦和他的肌肉比別人做得更好的領域去，延續他以前令人震撼的籃球事業，創造出另一個傳奇。小葛瑞菲當時是西雅圖水手隊的球員，在一九九〇年代，他的打擊率連續七年維持在三成，打出了三百八十二支全壘打，到目前為止，他在美國大聯盟生涯紀錄全壘打的排名是第六名。

是什麼讓這兩位運動員分別具有特殊的天份？他們的大腦是怎麼和特定肌肉溝通，才能使他們的表現這麼耀眼、能力如此特殊？這一定和他們大腦的配線（神經迴路）有關。要了解這是什麼意思，我們必須進行一趟大腦旅程，看看在學習時，大腦裡面發生了什麼事。我們會討論「經驗」在發展中的大腦所扮演的重要角色——包括同卵雙胞胎雖然有同樣的經驗卻沒有得出同樣的大腦——而且發現到我們每個人都有一個珍妮佛．安妮斯頓（Jennifer Aniston）專屬的神經元。我可不是在開玩笑。

學習會重組大腦

當你學習新東西時，大腦的通路連結就改變了。肯戴爾（Eric Kandel）發現即使只是學習一個很簡單的訊息，參與這個歷程的神經元結構都會發生物理上的改變。整個來說，這些改變發生在功能性組織上，而使大腦重新組織過了。這真是非常令人驚訝，大腦一直不停在學新的東西，所以我們的大腦一直不停地重新組織它自己。

肯戴爾第一次發現這個現象並不是在觀察人的時候，而是在研究海蝸牛的時候。他很快發現，人類神經元學習的方式跟海蝸牛一樣，他觀察到很多種介於海蝸牛和人類之間不同的動物在學習上的神經歷程都是如此。因為這個研究說明了幾乎每一個生物的思考歷程都是以這種方式進行，所以他在二〇〇〇年得到了諾貝爾醫學獎。

這些大腦上的生理改變到底是什麼？當神經元學習時，它們會腫大起來、會游開、會分裂，它們在某一處中斷連接，而趨向附近的區域，然後與新的鄰居形成連結；也有很多留在原處不動，只是強化它們之間電的連結，增加訊息通過的速度。事實上正在這個時候，在你大腦深處，神經元像蛇一樣在游動，它們滑到新的地方，一端腫大起來或分叉開來。神經元這麼辛苦地運作只是為了使你記得肯戴爾和他的海蝸牛而已。

這條科學研究路線早在肯戴爾之前就開始了。在十八世紀的義大利，有位科學家馬拉卡尼（Vincenzo Malacarne）就做了一序列非常現代化的生物實驗。他訓練一組小鳥去做複雜的表演，然後解剖牠們的腦，他發現這些受過訓練的鳥，在大腦某些特定區域的摺疊形式比較密，溝紋比較深。五十年以後，達爾文（Charles Darwin）注意到野生動物跟牠們已經被人類豢養的同類之間，在大腦上也有同樣的差異。野生動物的腦比經過馴養的大了百分之十五到百分之三十。因為冷酷的野外世界迫使野生動物要不停地學習，這些經驗使牠們的大腦迴路跟經過馴養的同類非常不同。

人類也是如此。你從紐奧良的賽迪可（Zydeco）啤酒廳一直到紐約愛樂交響樂團的演奏廳，都可以看到這個現象——這兩個都是小提琴家生活的地方。小提琴家常常使用到左手來做撥弦或按弦的精細動作，在他們大腦掌管這個部分的神經區域，看起來就好像吃了高脂餐一樣，這些區域比較腫大，神經元之間的連結也複雜許多。相反地，控制右手拉弓的大腦區域看起來就像得了厭食症一樣細瘦，神經元也較不複雜。

大腦就跟肌肉一樣：越動，大腦就越複雜、越大。至於這有沒有使你更聰明，那就是另外一回事了。但是有一點是沒有爭議的，你生活的經驗會改變你的大腦，即使很簡單的事，如選擇玩一種樂器或打什麼球類，這都會改變你大腦神經迴路的設定，而且每一次玩樂器或打球，都會重新設定它。

迴路開始的地方：謙卑的細胞

你從小學起就聽說生物是由細胞組成，大致而言，這句話是對的，複雜的生物好像不太能做什麼事而不牽涉到細胞。你平常很少感謝細胞對能讓你存在的慷慨奉獻，但是細胞報復你對它不在意的方式是使你無法控制它。就大部分的情形來說，它們在幕後默默地工作，滿足於它監控所有你經驗到的每一件事，其中絕大多數是在你的意識之外的。有些細胞低調到你只有在它失去功能後，才會發現它正常的功能是什麼。你皮膚的表層是死的（加起來有四公斤重），這使其他支持你每天生活的細胞不受到風雨、看球賽時打翻的起司沾醬的傷害。我們可以很正確地說，你身體外表跟外面世界接觸的每一寸細胞都是死的。

活細胞大部分看起來像個煎蛋：蛋白的部分我們叫做細胞質（cytoplasm），蛋黃部分是細胞核（nucleus）。細胞核包含了遺傳藍圖的分子DNA。DNA包含了基因，是遺傳指示的一小段訊息，從你會長多高到你對壓力會怎麼反應都在內。有很多的遺傳訊息藏在像蛋黃一樣的細胞核中，幾乎一百八十公分長的指令壓縮在用微米（micron）為單位測量的空間中。一微米是一公尺的一百萬分之一，這表示把DNA放進你的細胞核中就好像把一條約五十公里長的緞帶塞進一顆蛋殼中。近年來一個最令人想不到的發現就是這個DNA（正式的學名是去氧核糖核酸）並不是隨機壓縮在細胞核中的，它是經過複雜的方式整齊地摺疊放進去的。這個原因是：細胞事業的眾多選項。把DNA摺疊成某個形式，這個細胞就變成你肝臟的細胞；摺疊成另一個形式，這個細胞就變成你忙碌血液的一分子；疊成第三種形式，你得到最重要的神經細胞，以及閱讀這個句子的能力。

那麼，這些神經細胞長得像什麼樣子呢？它長得像是連根拔起的樹，一端是一大團的根部，另一端則連著許多一小束的樹枝。神經細胞的根部稱為細胞體，裡面藏著神經核。根部末端稱為樹狀突（dentrites），連結根部與樹枝的樹幹稱為軸突（axon），小小的樹枝是軸突終端器（axon terminal）。

神經細胞（又稱為神經元），幫忙調節一些像人類的學習一樣複雜奧妙的東西，要了解它如何做到這一點，我想借用我小時候所看過的一部科幻電影，帶你進行一場神經細胞的導覽行程。這部電影叫做《聯合縮小軍》（*Fantastic Voyage*），是克萊納（Harry Kleiner）所寫的劇本，後來因著名作家艾西莫夫（Isaac Asimov）的書而有名。在電影裡，四位主角縮小到顯微鏡才能看到的尺寸，登上微小潛水艇進入人體內部去探索身體運作的情形。我們也即將做同樣的探險，在神經細胞內部以及將它固定的水世界裡漫遊。我們先划向大腦中心的海馬迴，在這裡，短期記憶被轉換成長期記憶。

當我們的小潛水艇進入海馬迴時，眼睛得要適應黑暗然後試著往窗外看，看起來好像到了一座古老的海底森林，到處都是大大小小的樹枝與樹幹。突然間我們看到黑暗中有一道閃光：這些樹幹上有電流跑來跑去，偶爾在電流通過後，會有化學物質形成的大朵雲從樹幹的末端冒出。這座森林是通電的！我們得要小心一點。

這些並不是樹，它們是神經元，只是有一些奇怪的結構形狀而已。沿著其中一根樹幹滑行，我們會發現這些「樹皮」竟然滑滑地摸起來很像油脂，這是因為它本來**就是**油脂。在溫暖的體內，神經元的外層包的是磷脂雙層膜（phospholipid bilayer），摸起來的感覺像玉米油。細胞內在的結構給了神經元型態，就好像我們的骨架給了我們身體的形狀。當我們進入細胞內部時，第一個看到的東西就是這個骨架。所以，讓我們繼續前進吧！

細胞核的內部非常擁擠，太過擁擠，甚至可以感受到敵意了。我們的潛艇要航行穿過危險得像珊瑚礁一樣的蛋白質結構：神經元的骨架。雖然這些濃密的蛋白質結構給了神經元三度空間的形狀，其實結構中很多的部件是不停地在動的，這表示我們要不停地閃避，以免觸礁。幾百萬個分子猛烈地撞擊我們的潛水艇，而且每幾秒，我們就突然會被電一下，因此，我們不想久留。

我們從神經元的另一端逃出來了，穿過危機四伏又尖銳的蛋白質，發現自己浮在一個很安靜，看起來是無底洞的水谷中，我們看到在遠處，有另一個神經元在前面若隱若現。我們處在兩個神經元之間，叫做突觸間隙（synaptic cleft），注意到的第一件事就是我們並不孤單。我們跟一大群小小的分子在一起游泳，它們從我們剛剛拜訪過的神經元湧出來，朝著我們要去的方向努力地游。幾秒鐘後，它們又回過頭來游向我們剛剛去過的神經元，那個神經元大嘴一張，把它們都吞進去了。這群游來游去的分子叫做神經傳導物質（neurotransmitters），它們的功能就像個小小信差，神經元用這些分子將訊息傳過突觸間隙。它們離開的那個神經元叫做「突觸前神經元」（presynaptic neuron），接受它們的神經元叫做「突觸後神經元」（postsynaptic neuron）。

當神經元受到電流的刺激時，就會釋放這些化學物質到突觸（synapse），接受這些化學物質的神經元可以做出負向或正向的反應。負向反應就像細胞大發脾氣一樣，神經元把自己關掉，不接受任何電神經世界所傳來的東西，這個歷程叫做抑制（inhibition）。神經元也可以接受電刺激，把訊息從突觸前傳遞到突觸後神經元：「我接受到刺激了，我把這好消息傳給你。」然後神經傳導物質回到原來的神經元，這個歷程叫重新回收（reuptake）。當原來的神經元把神經傳導物質吞進去時，系統又重新設定，可以再傳遞訊息了。

望著海馬迴水底叢林，我們注意到幾個令人不安的發展。有一些樹枝看起好像蛇一樣在擺動，有一個神經元終端腫脹，大大地增加了它的直徑。另一些神經元的終端從中間裂開，像一個分叉的舌頭，在一個連結上製造出兩個連結，電流在這些會動的神經元上以每小時四百公里的速度飛馳，有一些離我們很近，當電流通過時一朵朵神經傳導物質雲填滿了突觸之間的空隙。

我們現在應該脫掉我們的鞋子，在潛水艇中深深一鞠躬，因為我們身在神聖的神經聖地（Neural Holy Ground）。我們剛剛目睹的正是人類大腦**學習**的歷程。

當我們讓潛水艇慢慢地旋轉三百六十度，可以注意到這一片神經元的叢林有多複雜。就以剛剛漂過的兩個神經元為例，我們就是處於兩個連接點之間，這兩個連接點就是突觸。假如你能想像有雙巨手把兩棵樹連根拔起轉個九十度，使它們的根朝著根，然後讓它們靠近到幾乎要碰在一起，你就可以想像大腦中兩個神經元交互作用的真實情形。而這只是最簡單的情形，通常有幾千個神經元擠壓在一起，每一個只佔據一點點的空間。它們之間的連接線是無法想像地複雜，每一個神經元可以有一萬個以上的連結。

瘋狂成長，瘋狂修剪

我們如何獲得那麼多的神經元？嬰兒為這個地球上最卓越的建築計畫之一提供了最好的

答案。人類的大腦在出生時，只完成了一部分，要到幾年後才完全組合好。其實，真正完工要到你二十幾歲時，而最後微調的部分要到你四十多歲時才全部完成。剛出生時，嬰兒大腦中的神經連結跟成人的一樣多，但這個情形不會持續很久；到三歲時，某些大腦區域神經的連結已經翻了兩倍或甚至到三倍了。這兩到三倍的神經連結也不會維持很久，大腦很快地開始修剪成千個細小的分枝，到孩子八歲時，連結的數量又回到了成人的數目。假如這個孩子不再進入青春期，那故事在這裡就可以畫上句點。事實上，這只是故事的一半而已。到青春期時，這整件事情又重新來過一遍，大腦裡不同的區域開始發展了，你再一次看到神經元瘋狂地生長，又憤怒地被修剪回來。一直到父母開始煩惱大學的學費時，孩子的大腦才開始要進入成人模式。從連結的觀點看來，在可怕的兩歲時，大腦有很多的活動，到更可怕的青春風暴期時，大腦有更多的活動。

因為上述的過程在每個人身上發生的時間都差不多，看起來好像細胞士兵在服從固定程序的生長指令，但是在大腦的發展中完全不是像軍隊那樣的一個指令、一個動作。也就是在這個不準確的點上，大腦的發展碰上了大腦的守則：每一個大腦的配線都不相同。甚至只要簡單瀏覽一下資料就會發現，每個人的生長曲線有很大的差異性，不論看的是剛會走路的幼兒，或是青少年，不同孩子在不同區域發展的速度不同。在某些特定區域，每個人神經元的生長和修剪情形，以及做這些事的積極程度都有很大的差異。

每次從美國學校系統看到我太太求學過程的同學照片時，我都會想到上述的神經成長歷程。我太太從幼稚園到高中的同學幾乎都是同一批人（她也與其中多數維持朋友關係直到現在），比較大家小時候長什麼樣子，我常常都不能相信自己的眼睛。在一年級的相片中，每一個孩子雖然年齡大致相同，長相卻相當不同。有人高，有人矮，有人看起來像個成熟的小運動員，有人看起來像剛剛戒掉尿布，女孩子看起來比男孩子大。初中的照片差異就更大了，有的男生看起來從三年級起就不曾長高過，有人的鬍鬚則剛剛冒出來，有些女生胸部平坦，看起來像男生，有人則發育到可以去結婚生子了。如果我們能夠進入這些孩子的腦袋裡觀察，就會發現他們的大腦**跟身體一樣各有不同的發展**。讓我們來看看為什麼。

偶像專屬神經元

你出生時有些神經連結已經預先設定好功能：它們控制著我們最基本的生命功能，如呼吸、心跳，以及當你看不見腳的時候，還是知道它在哪裡等等的這些功能。研究者把它們叫做「獨立於經驗之外」的電路設定。大腦也有一些神經結構在出生時尚未完成，等著外界的經驗來指示該如何完工。這個需要經驗指引的迴路設定，就跟掌管視覺敏銳和語言習得的區域有關。最後，我們還有「由經驗決定」的迴路設定。下面這個像是B級片的電影場景，或許是最好的解釋方式。

一個男人躺在手術檯上，他的大腦裡被植入好幾個電極，就像GPS定位系統一樣可以準確定位大腦的電子活動。因為這個人患有難以治療而且會危及生命的癲癇，所以要切除一些神經組織，而那些被植入的電極可以幫助外科醫師確定癲癇發生的位置。手術時這個男人是清醒的，突然之間，有個研究者拿出珍妮佛・安妮斯頓的照片給他看，在他大腦中，有一個神經元興奮地活化起來，研究者發出一聲驚呼。

這個實驗真正發生過，那個神經元對七張珍妮佛・安妮斯頓的相片起反應，而忽略八十張其他東西的相片，包括有名的和沒沒無聞的人。做這個實驗的主要科學家奎洛加（Quian Quiroga）說：「當我們第一次看到一個神經元對七張珍妮佛・安妮斯頓的相片起了反應，而對其他什麼相片都不反應時，我們幾乎跌落椅子。」你的大腦裡藏了一個神經元，只有當珍妮佛・安妮斯頓進房間時，它才活化。

一個珍妮佛・安妮斯頓的**神經元**？怎麼可能？我們的演化史肯定沒有說珍妮佛・安妮斯頓是大腦迴路的永久居民（安妮斯頓到一九六九年才出生，而我們大腦有些地方的設計是幾百萬年前就設定好了）。更糟的是，研究者又發現了荷莉・貝瑞（Halle Berry）的神經元，一個病人的大腦裡有一個神經元，它不對任何東西起反應，包括安妮斯頓，只對荷莉・貝瑞的相片起反應；另一個病人竟然還有美國總統柯林頓（Bill Clinton）神經元。在做這一類研究的時候，幽默感無疑是會有幫助的。

歡迎來到由經驗決定的大腦迴路世界。我們的大腦是先天設定好，使我們**不會**受到硬體的限定。就好像一個美麗的、受過嚴格訓練的芭蕾舞孃，我們是先天設定就有彈性的。我們可以立刻把世界上的大腦分類成認得珍妮佛．安妮斯頓、荷莉．貝瑞和柯林頓的人，和那些不認得他們的人——認得跟不認得他們的人，大腦的迴路是不同的。我們大腦對外界的輸入非常地敏感，敏感到它們迴路的設定要依賴它們生活環境的文化來決定。

即使是同卵雙胞胎也沒有相同的大腦迴路。假設有一對成人雙胞胎，他們都租了荷莉．貝瑞的電影《貓女》（*Catwoman*）來看，而我們正好在我們的小潛水艇中，觀察他們看電影時大腦的反應。雖然這對雙胞胎都在同一個房間，坐在同一張沙發上，但是兩人看電腦的角度有一點點的不同。我們發現他們的大腦在登錄視覺訊息時就有一點不同，因為兩個人不可能從完全一樣的角度來看電影。電影才開始幾秒鐘，他們兩人腦部的迴路就已經不同了。

這一天早一點的時候，雙胞胎中的一個在一本雜誌上看到了有關動作電影的報導，雜誌封面還是一張荷莉．貝瑞相當明顯的照片。當他在看這部電影時，大腦就同時在搜索那本雜誌的記憶，我們觀察到他的大腦忙著在比較書裡的評語和電影上看到的，然後在想他同不同意這些批評。另外一個因為沒有看到這本雜誌的報導，所以他的大腦就沒有在做這些事。雖然這個差異看起來很小，但是這兩個大腦已經在製造同一部電影的兩個不同回憶了。

這就是大腦守則的威力，學習會帶來大腦結構上的改變，而這個改變是每一個人都不同的。即使是同卵雙胞胎，有著同樣的經驗，大腦的迴路也不會完全相同。既然如此，我們有辦法知道大腦的**所有**事情嗎？可以的。大腦有幾億個神經細胞，它們整合的電流都是以同樣的方式在工作。每一個人生下來就有海馬迴和腦下垂體，以及這世界上最複雜的電化思考儲藏室：皮質。這些組織在每一個大腦都是用同樣的方式工作。那麼我們怎麼解釋個別性呢？我們用美國的高速公路來舉例子。

每個大腦有不同的地圖

美國有著世界上涵蓋範圍最大、最複雜的運輸系統，美國的「路」從州際公路、收費的高速公路、州內公路到住宅區的街、單行道的巷子，到泥土路都有。人大腦內的神經迴路也是同樣複雜和多樣化的，相當於州際公路、收費高速公路和州內公路，這些迴路在你我身上都有相同功能。所以大腦的很多功能和結構是可以預期的，而這裡提到的相似性可能是前面談到發展有兩個高峰期的成長與修剪的成果，是獨立於經驗之外的迴路設定。

只有當你下了公路進到小路（相當於大腦裡住宅區的街道、巷弄、泥巴路）時，個別差異才會顯現出來。這時大腦迴路是由經驗決定，沒有兩個人是完全相同的。每一個大腦都有很多小路，這就是為什麼它積少成多，影響甚鉅的原因，也是人類智慧如此多元的原因。心理學家迦納（Howard Garner）相信我們至少擁有七個類別的智慧：語文／語言、音樂／旋律、邏輯／數學、空間、肢體／動覺、人際和內省，這比標準智力測驗（IQ test）所涵蓋的智慧概念範圍更廣。

我們可以從觀察一位技術精湛的神經外科醫生的手術，了解人類大腦之間巨大的差異性。歐吉曼（George Ojemann）有一頭白髮、具洞察力的銳利雙眼，以及一種權威的神態，那是幾十年來觀察人們在手術檯上生與死所累積下來的氣勢。他是近代最有名的神經外科醫生之一，而且他是神經學上所謂的電刺激大腦地圖（electrical stimulation mapping）的專家。

歐吉曼的手在一個患有嚴重癲癇、名叫尼爾的男子裸露的大腦上來回移動著，他要切除尼爾一部分異常放電的腦細胞。在歐吉曼做任何動作之前，他得先畫出大腦地圖，因此他必須在手術期間與尼爾交談，所以尼爾是完全清醒的。還好大腦沒有任何痛覺接受器，歐吉曼拿著一根細長的銀針，上面有電線，碰到任何東西就會發出一個輕微的電擊。如果這根銀針碰到你的手，你會感到一點刺刺的感覺。歐吉曼輕輕地用銀針去碰觸這個病人大腦的某個區。在《與尼爾的大腦對話》（*Conversations with Neil's Brain*）這本書中，有一段描述接下來發生的事：

「你有感覺到什麼嗎？」

「嘿！有人剛剛碰到我的手。」尼爾這樣說，但我或麻醉科醫師都沒有靠近他的手。

「哪隻手？」歐吉曼問他。

「我的右手，感覺很像有人刷過我的手背那樣，現在還有點刺刺癢癢的。」右手對應的是左腦，顯然歐吉曼用電刺激找到（這個）手的體感覺皮質區。

歐吉曼把一張小紙條貼在大腦圖上的那個區域，然後碰觸另一個區域，這時尼爾說他覺得右臉頰有東西靠近，另一張小紙條貼了上去。這張地圖的製作花了幾個小時，就像個神經製圖員，歐吉曼找出這個病人大腦各部位的功能，還特別注意他放電細胞附近位置的功能。

他在測定這個病人運動皮質的功能分布，雖然科學家到現在仍不知道為什麼，但是很多癲癇放電的位置是在語言區的附近，所以歐吉曼非常小心地找出尼爾處理語言的區域，不要傷及字、句子和文法儲存的地方。這個病人是使用雙語的，所以西班牙語和英語的關鍵區域都得標出來，一張紙條上面寫著S，貼在掌管西班牙語的地方，另外一張紙條寫著E的貼在英文儲存的地方。每一個動這種手術的病人，歐吉曼都花很多的時間，把他們大腦的功能位置一一找出來。他為什麼要花這麼多時間這樣做？這個答案會讓你很吃驚。因為**他不知道每個人關鍵性的功能儲存在哪裡**。

歐吉曼不能預測大腦功能的確切地點是因為沒有兩個大腦的設定是完全相同的：在結構上不同，在功能上不同，我們儲存動詞、名詞和文法的地方也不同。當我們需要時，我們從不同的區域去抓不同的部件組合成要講的話。使用雙語的人甚至沒有把西班牙語和英語儲存在同一個地方。

許多年來，歐吉曼一直對個別差異深感興趣。他曾經把他開過刀的一百一十七名病人的大腦地圖綜合起來比較，他發現只有一個地方是大多數人的關鍵語言區（critical language area），而「大多數」指的是百分之七十九的病人。

我們能看到最戲劇化的大腦個別性資料大概就是電刺激大腦地圖了。歐吉曼同時想知道這些差異在人的一生中有多穩定，以及這些差異是否能預測人的智慧能力。他找到這兩個問題的有趣答案，第一，他發現大腦地圖在很小的時候就固定下來了，而且終其一生都很穩定，即使在手術後十年或二十年需要再次動手術時，原來的關鍵語言區仍然是關鍵語言區。第二，歐吉曼發現大腦結構的差異和語言測驗（手術前施測）上的表現有關。如果病人在這個測驗上表現不好，他關鍵語言區的型態就分散得很廣，如果病人在這個測驗的分數較高，他的關鍵語言區就比較集中。較低的測驗分數也預測出，該病患的關鍵語言區域還多了上顳葉迴（super temporal gyrus）。再一次證明，經驗讓每一個大腦的迴路設定都不同，在真實世界也看到這樣的差異。

新想法．新點子

學校系統預設每一個人的大腦都是一樣的學習是不對的。舉例來說，我們期望孩子在六歲時都應該要有閱讀能力，但是同齡學童的智力表現差異卻很大。研究發現，大約有百分之十的學童在六歲時，腦部的發展還**不**足以讓他們能夠閱讀。同樣地，在職場上，用同樣的方法去對待每一個人也是不對的，尤其在全球經濟充滿了各種文化經驗的時候更是不對。我有一些讓學校與公司的設計能更符合大腦運作方式的想法。

小班教學

如果其他條件都一樣的話，我們很早就知道，比較小、比較親密的學校營造出比較好的學習環境。小班教學較好，是因為老師較能深入了解這些學生的個別需求。如果你是家長，你可以尋找小班制或者師生比例恰當的學校，或是說服學校改變制度。大學生可以考慮就讀規模較小的學院。公司經理在訓練員工時也應該考慮採取小團體的形式。

心智理論測驗

你可能記得在〈生存〉那一章中提過，心智理論是最靠近解讀心智的方法了。這是一種能夠了解別人內在動機的能力，以及根據心智理論的知識能夠建構一個可預測「別人心智怎麼運作」的能力。我們每一個人幾乎都有這項能力，但有的人做得比別人好。心智理論能力讓老師們具備高敏感度，能知道學生什麼時候沒有聽懂，什麼時候有在專心聽，什麼時候他們完全了解你在說什麼。我認為有高級心智理論技術的人擁有有效溝通訊息最重要的成分。如果是這樣的話，那麼比較好的老師，可能就是具備了高級心智理論能力，而糟糕的老師則沒有。

未來，心智理論測驗應該要像智力測驗一樣成為標準化測驗。學校及其他組織可以用這個測驗區分出好老師，公司行號也可以依心智理論來挑選領導人。對於那些立志成為老師或經理的人，心智理論測驗也可以幫助他們考慮自己是否適合這類型的工作。

客製化教室與辦公室

當老師在教課時，學生們難免會有學習斷層，如果不處理，這種斷層將導致學生的學習進度更落後。現在，教育應用程式開發者能運用軟體找出學生的強項，然後針對每一個孩子量身訂做，打造出一套適合他的練習，使他能迎頭趕上。當把這套軟體跟標準課程相結合時，效果會最好。在大班教學中，光只有老師教或學生單獨使用這軟體，效果都不好。我希望能夠看到更多相關的研究，畢竟父母跟老師對於教室出現平板電腦這件事也挺焦慮的。研究應該要納入典型與最理想的師生比例來做為比較。

父母其實可以大方接受這類應用程式，同時仔細留意孩子使用後的狀況。建議父母們可以去找採用翻轉教育的學校，學生上學前先在家溫習教材，而學校時間是用來寫作業的，老師則視情況可以給予個別指導。經濟能力比較好的父母則可以選擇類似蒙特梭利學校（Montessori schools），這類學校的理念是「孩子以不同的速度學習不同的事物」。學生可以利用免費的線上課程來補足學校課程，這讓他們可以依照自己的步調學習和複習，例如：可汗學院（Khan Academy）提供的線上課程。（編按：可汗學院是由麻省理工學院及哈佛大學商學院畢業生薩爾曼・可汗〔Salman Khan〕創立的免費網路專門課程。台灣已經在二〇一二年由誠致教育基金會引入其架構，成立均一教育平台。）

如果你是上班族，並且在一個無視員工個別差異性的公司組織裡上班，要不要爭取你在意的事物是由你決定，在假期、薪水、彈性工時以及公司角色之間取得平衡。如果你是主管，就為底下的員工列一張認知強項清單，有些員工可能記憶力很好，有些可能在跟計量有關的工作表現很好，有些擅長處理人際關係，適才適用對團體生產力來說是很重要的關鍵。你的團隊裡面搞不好有位麥可・喬丹，但你卻沒發現，因為你只叫他去打棒球。

總結
Summary

大腦守則 5

每一個大腦的配線都不相同

★你一生中所有學習和所做的事都會改變大腦結構，經驗會重新設定大腦的迴路。

★大腦的各個區域在不同的大腦中，發展的速度不同。

★神經元在「可怕的兩歲」與青少年時期會經歷瘋狂地成長和修剪。

★沒有任何兩個人的大腦會把同樣的資訊以同樣的方式儲存在同樣的地方。

★我們有很多展現智慧的方式，而絕大多數的方式是目前的智力測驗沒有包含的。

第6章 | 注意力

大腦守則 6

人們不會去注意無聊的東西

半夜三點鐘，我突然被客廳牆上手電筒光圈移動的景象驚醒。從月光中，我可以看到一個一百八十公分高，穿著風衣的年輕人，拿著手電筒來檢視我的家，他的另外一隻手拿著一個金屬製的東西，在月光下發亮。我本來愛睡的腦立刻醒過來，而且非常警覺，我馬上知道有一個比我年輕、比我高大、拿著武器的人要搶劫我家了。我的心劇烈地跳動、膝蓋發抖，我打開屋內的燈，就在我孩子房門的外面守衛，然後報警，內心不斷地禱告。很幸運地，一輛警車正好在我家附近巡邏，立刻開啟警笛，飛馳而來。警察在我報警後一分鐘之內趕到，闖入者立刻跳上他停在我家車道上，引擎都未熄的車子想要逃跑，警察很快就逮到他了。

這個經驗從頭到尾一共才四十五秒，但是它的各個層面都已經深烙在我腦海中，從這個年輕人的風衣到他武器的形狀我都記得很清楚。當時我的大腦整個是警覺的，我一輩子都忘不了這個經驗。

大腦對某件事越注意，這個刺激的訊息會被登錄（就是學習到）得越多、保存得越久。這個發現與上班族、父母和學生都有密切關係。不管你是很喜歡學習的學齡前兒童或是無聊得要命的大學生，比較高的注意力永遠等於比較好的學習。從過去到現在的許多研究都顯示，注意力增加你對讀進去的書的保存時間和正確率，使你在寫作、數學和科學上思慮清晰。事實上注意力對任何學習的類別都有幫助。

所以我在大學部上的每一門課都會問：「在一堂中等興趣的課堂中（不太無聊，也不是那麼有趣），你們什麼時候開始看錶，希望趕快打下課鐘？」底下永遠是同樣的情境，學生們緊張地挪動身體，有些人微笑，大部分人沉默。

最後，一定有人大聲說出答案：「十分鐘，麥迪納博士。」

「為什麼是十分鐘？」我問。

「因為這時我開始失去注意力，開始想這個折磨什麼時候可以結束。」學生們都是很挫折地說出這些話。大學一堂課還是五十分鐘長。

研究證實了我的非正式提問。知名教育家麥可基奇（Wilbert McKeachie）在他的著作《教學技巧》（*Teaching Tips*）中說：「一般情況下，注意力會在課程一開始時逐漸增加，在十分鐘後開始下滑。」他說的沒錯，在一個典型的上課方式中，在頭十五分鐘尚未過去前，學生的心就已經不在教室中了。假如維持一個人的注意力是一項生意的話，它的失敗率是百分之八十。這十分鐘之間究竟大腦中發生了什麼事使你的注意力游離？沒有人知道。大腦似乎根據一個頑固的作業流程，無疑地，這跟我們的基因和文化有關。這個事實很明顯地告訴我們，老師和企業家都要想辦法在十分鐘之內，吸引並維持某個人的注意力，然後十分鐘之後再來一次。

但是怎麼維持呢？要回答這個問題，我們需要先去探索一些神經學上複雜的領域。我們要去看看當我們專注在某件事上時，大腦發生了什麼事，尤其是情緒對注意力的重要性以及同時執行多項作業，一心多用的迷思。

請注意聽好嗎？

當你在閱讀這一段文字的時候，你大腦中幾千百萬個神經元在同步發射，每一個都攜帶著訊息，每一個都希望引起你的注意，但是只有少數能夠成功地進入你的意識界，其他的會被忽略，有時是部分被忽略，有時是整體被忽略。很奇怪的是，你非常容易改變這個平衡，你可以毫不費力地注意你原先忽略的訊息（當你在讀這一句時，你能同時感覺到你的手肘在哪裡嗎？），那些可以抓住你的注意力的訊息是跟你的記憶、興趣和意識有關的東西。

■記憶

我們會注意某樣東西其實操控在記憶的手中。在日常生活中，我們用過去的經驗來預期我們的注意力應該落在哪裡。

不同的環境需要不同的注意力需求，科學家戴蒙（Jared Diamond）在他的《槍炮、病菌與鋼鐵》（*Guns, Germs, and Steel*，中譯本時報出版）一書中描述得很清楚。他描述他與新幾內亞原住民一起在新幾內亞叢林中探險的情形，他說如果以西方孩子從小就在做的作業去測試那些原住民，他們的表現會極差，但是他們絕對不是愚笨。他們可以偵察到叢林中最細微的改變，可以跟蹤狩獵者的足跡，也可以在叢林中找到回家的路。他們知道哪些昆蟲最好不要去碰，也知道哪些東西是可以吃的，他們可以很輕鬆地蓋出一間茅草屋或把它拆掉。戴蒙這個不曾在叢林中生活的人，完全無法注意到這些細節，假如用叢林中的作業去測試他，他也會表現得很差。

不同的文化也會造成注意力上的差別。舉例來說，在《科學》（*Science*）期刊上有這樣的評論：「亞洲人在描述視覺場景時，會花很多力氣去注意情境以及主體與背景之間的關係，但是美國人卻不會，他們比較常提到主體。」這個差異會影響一位觀眾如何看待一場生意上的說明會或教室中的上課內容。

興趣

如果你對某個物品或某個人有興趣，或者某件事對你來說相當重要，你會傾向多注意與這些人、事、物相關的事件。這也是為什麼如果你養了某一品種的狗或買了某一廠牌的車，不管走到哪裡你都會突然開始注意同樣的狗或車。你的大腦不停地在掃描外界地平線上的東西，不停地評估事件的重要性和它引起興趣的可能性，越重要的事件會接受越多的注意力。

但我們可以倒過來說，越注意它就會越引起興趣嗎？行銷專家認為可以。他們很早就知道，新鮮的刺激（一個不尋常、無法預測或很特殊的東西）是抓住注意力來引起興趣最有力的工具。在美國大家熟知的例子就是一則墨西哥龍舌蘭酒的廣告。廣告圖片中有一個骯髒、留著大鬍子的老人，戴著寬邊的草帽，張著嘴笑，露出只剩一顆的牙齒，在嘴上方印著一行字：這個人只有一個蛀洞。下面的句子字體大了很多：「生活很艱苦，但是你的龍舌蘭酒不應該苦。」有別於其他多數龍舌蘭的廣告會用舞會裡穿著清涼的年輕女孩做為行銷策略，這則廣告有效地利用注意力來創造出興趣。

意識

當然，我們一定要意識到某件事，這件事才能抓住我們的注意力。知名的神經學家薩克斯（Oliver Sacks）有一個很特別的案例，他描述有一個病人是聰明、有智慧、能說善道又有幽默感的老太太，後腦嚴重中風，使她失去對左邊事物的注意力，她只會用到右視野。（譯註：視野〔visual field〕和眼睛不同，右視野不等於右眼。許多右腦優先的迷思出在寫書者不了解大腦的生理結構，誤以為右視野等於右眼，通往左腦，因此坊間有啟發右腦之類的書，叫你每天蓋住右眼，只用左眼來啟發右腦，那是完全錯誤的。右視野是兩個眼睛的視網膜左半邊所看出去的地方，左視野是兩個眼睛視網膜右半邊所看出去的地方，右視野投射到左半球，左視野投射到右半球的視覺皮質，我們的視神經在視交叉〔optic chiasma〕處相交，因此，右眼不是只有投射到左腦，單蓋右眼一點用也沒有。事實上，兩個腦半球之間有個胼胝體相連接，它是一座百萬以上神經纖維所組成的橋，訊息從左到右或從右到左半球非常地快速，完全沒有日本人所說的右腦開發的事。那是一個嚴重的迷思。）這位老太太塗口紅只塗右半邊，只吃右半邊盤子中的菜，使她大聲抗議醫護人員給她的飯菜量太少，這時護理人員會快速地把她的盤子轉過來，現在左邊的食物進入她的意識界了，她就會破涕為笑、填飽肚子。（譯註：這種現象叫作「偏盲」〔hemianopia〕，眼睛是好的，但是處理眼睛送進來訊息的大腦視覺皮質區域的神經細胞因中風缺氧而死亡，所以病人就發生偏盲的現象了。）

這是怎麼回事？大腦一般來說，可以分成兩個在功能上並不相等的半球，中風會發生在病人的任何一個腦半球，西北大學（Northwestern University）的馬瑟冷（Marsel Mesulam）發現兩個腦半球對視覺注意有不同的「探照燈」，左半球的探照燈比較小，只能注意到右視野的東西；右邊半球的探照燈比較大，會注意到整體。所以馬瑟冷認為左邊中風所造成的視覺傷害比右邊中風小，因為左邊壞了，通常右邊會來幫忙，使你不太感覺到視覺的缺失。

當然，視覺只是大腦注意的一種刺激而已。你可以放一個會臭的東西到房間裡一下子、弄出一個很大的聲音、去碰某人的手臂，或嚐一口沒有預期會苦的食物，人們會馬上轉移注意力。我們同時也非常注意自己的內心世界，在沒有顯著外界感覺刺激的情況下，會把內在的事件和感覺一而再、再而三地去反芻。

你能想像要研究像這樣快速變化的概念有多困難，首先，我們不知道意識在大腦確切的位置在哪裡，只能大略地把它定義為心智的一部分，是覺知的所在。許多資料顯示意識包含許多散落在大腦各處的多種系統。

大腦如何專注

當我們把注意力轉移到某件事上時，我們的大腦在做些什麼？三十年前波士納（Michael Posner）教授提出了一個注意力的理論，到今天仍很盛行。波士納的研究生涯起始於物理學，他在大學畢業以後便加入波音飛機公司，第一個主要研究貢獻是如何使噴射機的引擎聲音比較不干擾到飛機上的乘客。今天的乘客要感謝波士納，雖然引擎的嘶吼聲離你的耳膜不過幾步的距離，你卻可以有一個相當安靜的旅途。他對飛機噪音的研究使他對大腦如何處理訊息產生興趣，這使他回到學校去拿博士學位，專門研究一個他笑稱為三合一模式（Trinity Model）的想法，他認為我們會注意到事情是因為大腦中有三個不同但相互融合的系統。接下來我會用一個簡單的故事來說明他的模式。

一個晴朗的星期六早晨，我太太與我坐在外面的庭園欣賞知更鳥在我們為牠們設立的水盆上飲水，突然間我們聽到頭頂上有一聲「咻」的巨響，抬頭一看，一隻紅尾鷹從附近的樹枝上俯衝而下，一把攫住知更鳥的喉嚨，從離我們不到一公尺的距離，升空而去，知更鳥的血濺到我們的桌布上。這個悠閒的早晨竟然是以如此暴力的方式結束，提醒了我們真實世界弱肉強食的野蠻本質。我們坐在那兒震驚得說不出話來。

在波士納的模式中，大腦第一個系統的功能很像博物館的警衛：巡邏並保持警覺。他把這個系統叫做**警覺或警惕系統**（Alerting or Arousal Network），這是我們大腦對外面世界的一般性注意程度，它監控感覺環境，看有沒有任何不尋常的地方。這個層次叫做「內在的實質警覺」（Intrinsic Alertness），我太太跟我在喝咖啡，欣賞知更鳥啼叫，用的就是這個系統。假如這個系統偵察到不尋常的聲音，例如：紅尾鷹俯衝下來的聲音，它會立刻發出警報，讓整個大腦都聽到，有事情發生了。這時，內在實質固有的警覺就立刻升級到特定的注意，叫做「局面的警覺」（Phasic Alertness）。

在警鈴響後，我們的注意力立刻轉移到需要注意的刺激上，啟動第二個系統：**導向系統**（Orienting Network）。我們把頭轉向刺激所在地，豎起耳朵，向前或向後移動，這是為什麼我太太與我立刻抬頭去注意聲音的來源而不再注意知更鳥，這個目的是得到更多的刺激資訊，使我們的大腦可以判斷該怎麼反應。

第三個系統是**執行系統**（Executive Network），控制著「我的天，現在我該怎麼辦？」的反應行為，這包括排出行為的優先順序、立刻形成計畫、控制衝動、衡量我們行為的後果，或是轉移注意力。對我太太和我來說，我們是震驚到說不出話來，直到其中一人起身去清理桌上的血漬。

所以我們有能力去偵察新的刺激，把注意力轉向它，然後依刺激的本質，決定該怎麼做。波士納的理論對大腦的功能和注意力提出了可以驗證的模式，大量地增加了神經學上的知識，同時也發現了很多影響注意力的行為特質。其中有四個特性最可能影響我們的注意力：情緒、意義、一心多用及時間性（timing）。

情緒會引起我們注意

廣告開始時，兩個男人坐在汽車中爭辯，其中一人在談話中過度使用 like 這個字，當他們越爭越厲害時，我們從乘客那邊的窗戶看到有一輛車正向他們衝過來，尖叫聲、玻璃破碎的聲音、金屬扭曲、人在車中彈跳的鏡頭充滿了電視螢幕，最後一個鏡頭是兩個人站在扭曲變形的福斯 Passat 車子外頭，不敢相信他們毫髮無傷地逃過一劫。螢幕上出現「安全發生了」的字眼，然後出現另一輛新的福斯汽車 Passat，旁邊有側撞安全評量的五顆星。這是一支令你記住、甚至有點不安的三十秒廣告。

因為它充滿了情緒性，富含情緒的事件比起中性事件能被記得更久、更準確。這個想法聽起來顯而易見，但要用科學來證明卻很困難，因為學術界仍在爭論「情緒」是什麼。我們可以確認的是，當大腦偵測到一個充滿情緒的事件時，你的杏仁核（大腦中跟情緒的產生和維持有關的部分）就會把多巴胺（dopamine）釋放進系統中。多巴胺對記憶和強化訊息的處理有很大的幫助，就好像便利貼上寫著：「記住這個！」大腦把化學的便利貼貼到某一個事件上，表示這件事情需要更深層的處理。這正是每一位老師、父母和廣告經理想要做的。

某些事件只對特定的人來說是帶有情緒成分的。例如：我的大腦會特別注意有人用力撞擊鍋碗瓢盆的聲音。當我母親生氣時（她很少生氣），她會去廚房，**大聲地**洗碗、大聲地把鍋子放回櫥櫃裡，這個聲音告訴全家人（搞不好全社區都聽見了）她在為某件事不高興。直到今天，我一聽到鍋子、盤子、碗撞擊的聲音，我就馬上經驗到一個情緒的刺激——一個「你完了，要倒楣了」的感覺。我的岳母從來不曾用這個方式表達她的憤怒，所以我太太對鍋子撞擊發出的噪音沒有任何情緒的感覺。鍋子聲對我而言是個獨特的刺激，是充滿情緒的刺激，一個專屬於我的刺激。

但有些充滿情緒的事件是每一個人都有相同經驗的，能夠引起我們所有人的注意力。大家普遍經歷過的刺激來自演化，所以在教學和企業方面都很有機會可以加以應用。這些刺激都與生存原則緊緊連在一起，不管你是誰，大腦對以下問題都會給予最高的注意力：

「我可以吃它嗎？它會吃我嗎？」

「我可以跟他交配嗎？他肯跟我交配嗎？」

「我曾經看過它嗎？」

我們的祖先如果不記得被威脅的經驗，或不記得什麼食物是可以吃的，他或她就活不到把基因傳下來給我們。大腦有許多系統專門致力於偵查「威脅」（這是為什麼強盜的故事會抓住你的注意力）、「生殖機會」（性感行銷）、「重複性」（我們不停地評估周遭環境看有沒有似曾相識的地方，而且我們比較容易記得以前看過的東西）。

電視廣告中應用得最好的一個是一九八四年史蒂夫．海頓（Steve Hayden）替蘋果電腦所做的，他用到了上述三個要件，而且環環相扣，使你看過就不會忘記當年蘋果電腦的進場（譯註：這支廣告非常成功，我也因此購買了一台蘋果電腦）。它贏得了那一年所有廣告的大獎，也替美式足球「超級盃」（譯註：職業美式足球的總決賽，是收視率最高的一項比賽，因此廣告費的價格也最高）的廣告立下榜樣。廣告一開始是一個會場擠滿了穿著同樣衣服、機器人模樣的人，這是假藉一九五六年的著名電影《一九八四》（*1984*）的場景（譯註：《一九八四》是歐威爾〔George Orwell〕的科幻名著，預測三十年後人們生活的情形，其中最有名的情節便是「老大哥」〔big brother〕處處監視著你，替你思想，該作品與美國一九六〇年代學運、反戰爭和爭取自主權有很大的關係）。這些像機械一樣的人都瞪著銀幕看，銀幕上有一個巨大的男人面孔，正在述說著陳腐的老套：思想統一、資訊純化！底下的人像僵屍一樣地吸收著上面傳下的訊息。這時，鏡頭轉向一個穿著運動服的年輕女生，手上握著一把大鐵槌，全力衝刺進會場，她穿的大紅色短褲，是整個廣告中唯一明亮的顏色，她衝向中間的走道，用力把手中的鐵槌丟向銀幕上念經的老大哥，銀幕瞬間爆炸，散出千萬碎片和令人眩目的閃光，大大的字出現在銀幕上：「一月二十四日，蘋果電腦要公布麥金塔電腦進場。你會看到為什麼一九八四年不再像《一九八四》。」

這支廣告包含了所有增強記憶的元素，沒有任何威脅比歐威爾《一九八四》那種剝奪人民言論自由權的獨裁社會更令人恐懼，這是充滿情緒的刺激。廣告中有穿著曲線畢露的紅短褲女生，那是性。這裡面還有另外一個訊息：蘋果的 Mac 是女生的，所以 IBM 的個人電腦就是男生的，在女權高漲的一九八〇年代，這個有關爭取性別平等的主題立刻佔據舞台的中央。許多人都讀過《一九八四》這本書（譯註：是美國九年級學生的指定課外讀物），或看過這部電影，最主要的是電腦界的人會了解這個「老大哥」影射的是 IBM，那個時候 IBM 被稱為「大藍」，因為它的業務人員一律穿藍色的西裝。這些共同的情緒刺激就是蘋果電腦廣告讓人記憶深刻的原因。

意義比細節重要

大腦會特別注意情緒性事件的主旨要點，而不是裡面的小細節。這也就是為何你看完蘋果電腦一九八四年的廣告後，你記憶中最鮮明的是對蘋果電腦的一般印象。當時間過去以後，我們對主旨的記憶都是強過細節。我認為美國人會喜歡一個電視節目《大冒險！》（*Jeopardy!*，譯註：有獎徵答比賽，獎金很高），主要是因為我們對能記住這麼多細節的人感興趣，他們竟然把人記憶的原則翻轉過來了，令我們驚訝。

一般而言，如果我們不知道一個訊息的主旨（也就是它的**意義**），我們就比較不會去留意它的細節。大腦只會挑選有意義的訊息做進一步處理，而不管其他的細節。

有一個簡單的方法可以扭轉這個記憶原則的傾向，就是把訊息用有邏輯組織、階層性結構的方式呈現（雨天裝備：雨傘、雨衣、雨鞋；海灘裝備：太陽眼鏡、泳衣、拖鞋）。這個方式讓我們能把字詞與字詞之間的意義找出來，用這種方式呈現的字詞比隨機出現（雨衣、拖鞋、太陽眼鏡、雨傘、泳衣、雨鞋）的好記，差異約有百分之四十。

布蘭士佛（John Bransford）是一位很有才氣的教育心理學家，花了很多年研究在某個學術領域裡，新手與大師的差別在哪裡。他發現其中有一項差異就是專家會組織訊息。他在主編的《學習原理》（*How People Learn*，中譯本遠流出版）一書中提出：「所謂**專家**的知識並不只是很多跟這個主題有關的事實和公式，而是所有的知識都是圍繞著『主要概念』組織起來，這個主要概念就是引導這個領域的主要思考方向。」

如果你想要引起別人的注意，不要從細節著手，從主要的概念開始，從上到下，把細節連接到這個階層的每一個環節上。記住，**意義優先於細節**。

大腦不能同時做很多事

在我們談到注意力時，一心多用是個迷思。大腦的本質是序列性地處理每一件事，一次一件。剛開始時你可能覺得很困惑，在有些層次上，你是可以同時做好幾件事的，你可以一邊走路，一邊說話；當你讀書的時候，你的大腦可以一邊控制你的心跳；鋼琴家可以左、右手同時彈不同的曲子，這些當然是一心多用，但是我談的是要花注意力的作業，不是已經自動化的作業。就像在學校裡要如何保持清醒地去聽一堂無聊的課，或是面對乏味的工作時心思如何不跑到九霄雲外，花在這些活動上的注意力都不是能一心多用的。

身為教授，我注意到上課時學生們的注意力有所改變，在我說話時，他們習慣狂敲筆電。三位史丹佛大學的研究者在上課時也發現一樣的狀況，他們決定來好好研究一下。一開始，他們本來以為所有的學生都不停地在玩電子產品，但後來發現不是這樣。就像我們都有的刻板印象，有些孩子的確是像著魔般地過度使用電子產品，但有些孩子則比較節制，不會一天到晚都在使用電子產品，也不會同時開二十四個視窗。研究者把第一類學生叫做「重度媒體多工使用者」（Heavy Media Multitaskers），把較沒那麼瘋狂的學生叫做「輕度媒體多工使用者」（Light Media Multitaskers）。

研究者想要知道，如果要求重度使用者專注在一個問題上，但同時又干擾他們，讓他們分心，那他們保持專注的能力會如何？研究者假設：比起輕度使用者，重度使用者應該可以更快、更準確地在不同作業間轉換注意力，因為他們已經非常習慣在瀏覽視窗、寫報告跟媒體刺激之間遊走。但這假設是錯的。

在每一個注意力測驗中，重度使用者的表現都比輕度使用者糟，有時還糟得很離譜。他們不擅長排除無關訊息，也沒辦法好好組織記憶，在每個需要切換注意力的實驗，他們的表現都很糟糕。這篇研究的作者之一是心理學家歐飛爾（Eyal Ophir），他說這些重度使用者「無法不惦記著那些他們沒有處理的任務。高度多工處理者總是被眼前所有的訊息給綁住，他們沒辦法在腦中把事情一件件分開來。」這個最新的研究說明了大腦是無法同時處理許多件事的，即使你是矽谷中驕傲的史丹佛大學生也一樣。

要了解上述這個結論，我們必須更深入去談波士納三合一理論中的第三個：執行系統。假設當你在寫一封很長的電子郵件時，你的手機突然傳來簡訊聲音中斷你的思考，是你的情人傳來的，讓我們來看看這個時候你的執行系統在做什麼：

第一步：轉移警覺

要寫電子郵件，你大腦的血液會迅速湧到前額葉皮質的前端去，這個部分的大腦是執行系統的一部分，它像個總機，告訴大腦現在該轉移注意力了。

第二步：活化第一項作業的規則

在警覺中有兩個部分訊息，藉由電流快速地流過你的整個大腦時傳送。第一部分是尋找能夠執行寫電子郵件這個作業的神經元，第二部分是一旦找到這種神經元，這個訊息是個指令，把它喚醒，叫它去工作。這個歷程叫作「規則的活化」，要花零點幾秒來完成，現在你開始寫你的電子郵件。

第三步：把注意力移開

當你在打字時，你的感覺系統接受到你情人傳來簡訊的通知——如果手機發出鈴響，就是耳朵先收到通知；如果手機在你的口袋裡震動，就是皮膚。因為寫工作上的電子郵件的規則跟回傳簡訊給情人的規則是不一樣的，你的大腦必須從寫電子郵件的規則中抽身出來，才能回簡訊給情人，這時，總機又發出警報，通知大腦再一次要轉移注意力了。

第四步：活化第二項作業規則

大腦展開另一個兩部分的訊息，開始它的例行公事，一部分尋找傳簡訊給情人的規則，另一部分是活化這些規則。現在你可以盡情地傳訊息給情人了，跟上次一樣，也需要花零點幾秒來完成這個轉換。

這四個步驟必須依序完成，**每一次**你從一個作業跳到另一個作業時，這四個步驟必須再來一次，這是要花時間的，**而且需要按照一定的順序來做**，這就是我們無法一心二用的原因。所以每一次轉換作業再回去原來作業時，人們會自言自語說：「我做到哪裡了？」再花時間去找到剛剛停住的地方。這也是為什麼一個人被打斷後，要多花百分之五十的時間才能完成這個作業，錯誤率也會增加百分之五十。

那些看起來可以一心多用的人，可能是工作記憶比較好，能夠對好幾個輸入訊息都加以注意，把它們同時保留在工作記憶中。但是工作記憶還是**一次處理一件事**，因為工作記憶的本質也是序列性的。有些人，尤其是年輕人，比較能適應作業轉換。一個熟悉作業的人，他完成這個作業的時間和所犯的錯誤，會少於不熟悉這個作業的人。

把處理序列性工作的大腦放進多項作業同時進行的環境，就好像把右腳套進左腳的鞋子一樣，或許勉強可以塞得進去，但是走路會不自然、會慢、會容易摔跤，因為這不符合它的天性。一個很好的例子是開車時打手機。在研究者測量打手機對開車所造成的干擾效應之前，沒有人知道打手機對駕駛者造成怎麼樣的功能損害。這就像酒醉駕車一樣。你記得上面談過每一次大腦轉換作業都要花費一些時間嗎？打手機時，駕駛人比較不會跟前面的車子保持安全距離，會慢半秒去踩煞車，在踩完煞車後又比較慢才能回到正常速度。如果一個人開車的時速是一百一十公里，那麼半秒就是十五公尺，百分之八十的車禍都是發生在駕駛人分心的前三秒之內。假如你增加工作轉換量，就增加了出事機率，打手機的人比專心開車的人少注意到百分之五十的視覺線索，所以他們的出事率跟酒醉駕車一樣也就不令人驚奇了。開車時化妝、吃東西、對路旁車禍探頭探腦也好不到哪裡去，都會造成意外事件。有一個研究顯示在開車時，只是伸手去拿個東西就會增加撞車或差點撞車的機率九倍。

大腦需要休息

我的父母非常痛恨《世界殘酷奇譚》(*Mondo Cane*)這部電影，因為其中有一個場景他們完全不能接受：農夫用一根管子把食物硬是塞入鵝的胃中以得到肥美的鵝肝，當鵝太飽想吐時，農夫用一個銅環套住鵝的喉嚨，使牠吐不出來。這種強迫餵食的結果就是全世界大廚所喜愛的鵝肝。這種方法根本不能讓鵝得到任何養分，只是讓牠成為取悅人類的犧牲品。

當我母親在談做一個好的和壞的老師時，常常講這個故事給我聽。「大部分的老師過度餵食學生，」她說：「就像那部恐怖電影中的農夫一樣！」當我去上大學時，很快就發現她的話是什麼意思了。現在我是一個跟企業界走得很近的教授，我可以近距離地看這個習慣。最常見的溝通錯誤是什麼？就是有太多訊息卻沒有足夠的時間可以消化。這對訊息的接受者一點好處都沒有，只是讓聽眾成為學習的犧牲品。

在某個層次而言，這是可以了解的，因為大部分的專家對他研究的主題已經熟悉得不得了，他會忘記對一個新手來說這些都是新知識，無法一次消化完。有時就算他記得要慢慢講，他也不耐煩把基本的東西一遍、兩遍、三遍地重複講。在大學時，我發現大部分的老師都不喜歡教學，尤其教大學部的學生，因為他們沒有辦法在這麼基礎的層次上跟學生溝通。他們似乎忘記了這些知識對新生來說是第一次接觸到，需要時間去消化，這表示需要有固定的休息時間。相信很多人有此同感：大牌的名教授往往不是課上得好的教授。

我在牧師講道、理監事會議、行銷場合、媒體報導，在任何專家把訊息傳遞給生手的場合中都看得到同樣的錯誤。

新想法・新點子

一次做一件事

大腦是序列性的處理器，不能同時注意兩件事，企業界和學校都鼓吹一心多用，但是研究清楚地指出這樣會降低生產力及增加錯誤率。你可以試試看在白天時給自己一段沒有干擾的工作時間：把電子信箱、電話和社群網站都關掉，然後看你有沒有完成比較多的工作。如果你覺得要讓自己跟這些東西鬆綁有困難，不妨下載一個可以限制瀏覽特定網頁時間的軟體（編按：例如應用程式「StayFocusd」）。

將報告切分成十分鐘一個段落

還記得我的學生們說，在了無生氣的課堂中他們只能撐十分鐘的事嗎？研究者已知多年的「十分鐘的規則」可以提供給需要做簡報或演講的人一個方向。下列是我依照這規則發展出的教學模式，我也因為這個模式被提名為年度最佳羅素獎老師（Hoechst Marion Roussel Teacher of the Year，於每年美國精神醫學年會時頒獎）。

我決定我的每一堂課都是十分鐘一個段落，每個段落只講一個主題概念——通常都是廣泛、普遍，而且充滿了主旨綱要，**在一分鐘之內可以解釋清楚的概念**。大腦處理訊息的方式是意義在細節之前，而且大腦喜歡階層性的資料，從最基本的概念講起自然就使後面的解釋成為階層性的型態。在進入到細節之前，你必須從最基本的概念**開始**，一步一步架上去，如此一來你會發現聽眾的了解程度增加了百分之四十。因為每堂課是五十分鐘，所以我一堂課講五個大的概念。我會利用每個段落剩下的九分鐘來講細節，讓學生從細節中更清楚了解頭一分鐘所講概念的真諦。這樣做是確定每一個細節都能不費力地追溯到一般性的概念上。我經常停下來解釋細節跟主要概念之間的關係，就好像允許鵝在強迫餵食之間可以休息一下。除了在上課一開始時提出今天授課綱要，我也會在講述過程中重複地說：「我們現在講的就是大綱中的×××」。

這可以避免聽眾去做別的事、想別的念頭。如果一個老師不能讓學生知道現在他講的這個概念跟其他東西之間的關係，學生就必須一邊聽，一邊去想這個概念跟今天上課所學到的東西之間有什麼關係。這在課堂上就相當於一邊開車一邊講手機，因為大腦是無法同時注意兩件事情，於是會產生一序列的毫秒延誤，因此，在上課時，一定要清楚地、重複地把中間的連接關係講出來。下面是困難的地方了：必須在十分鐘之內講完一個概念，有時並不容易做到，為什麼我要這麼做呢？我知道我只有六百秒的時間使他們覺得這場演講值得注意聽，不然接下來的一個小時就會浪費掉了，然後必須在六百零一秒時，做某些事使他們願意再給我十分鐘的注意。

釣餌

當九分五十九秒過去時，學生的注意力已經趨於零了，假如不能馬上做些什麼事，學生就會開始不專心。這時候該怎麼做呢？不要再給同樣的訊息，也不需要完全無關的線索使他們的思考程序中斷，使訊息變成沒有組織的片段。他們需要一個強有力的東西使他們衝過十分鐘的障礙物，到達一個新境界，這件事必須使他們的頭都轉向老師，馬上抓住他們的執行功能，以產生有效的學習。

我們知道有什麼東西這麼有力嗎？我們當然知道，就是「充滿情緒的刺激」。所以在我上課時，每十分鐘給學生一個空檔，把他們從大量的知識中救出來，送進相關的情緒刺激，這種刺激我現在叫做「釣魚的餌」。當我的教學經驗逐漸累積時，我發現最成功的釣餌都遵守下列三個原則：

1. 這個釣餌必須能引發情緒。

恐懼、歡笑、快樂、懷舊、懷疑，所有的情緒都很好用。我特別鍾愛生存原則，描述一些具威脅性的事件，講一些有品味的繁殖策略，甚至一些使人對號入座的事。講故事非常有用，尤其是簡短扼要，直中概念核心的那種。

那麼這些釣餌究竟是什麼樣子呢？這就是教學可以有創意、有想像力最好的地方。因為我研究的重點是精神醫學，因此病人的案例，尤其是解釋不尋常的心智病態的例子，很能把學生帶入今天要講的主題。一些商業界的小故事，對非本行的聽眾來說也非常有效。我通常在講課時會用一個核心關鍵：詞彙（vocabulary），來說明腦科學與商業界的關係。例如：瑞典有一家伊萊克斯吸塵器公司（Electrolux Vacuum Cleaner Company）一直想打入北美洲的市場，他們的員工中有很多人會講英文，但是沒有真正的美國人。他們打出的廣告是：「假如它吸得乾淨，那一定是伊萊克斯公司的產品。（If it sucks, it must be an Electrolux.）」（譯註：他們不明瞭一件事，sucks 在美國有另外的意思，例如你很討厭一個人，俚語會用 he sucks 來表達。瑞典人用的是字典上的意思，但是這支廣告在美國人看來就是：假如這個東西很討厭，那它一定是伊萊克斯公司的產品，反而做了負面廣告。）

2. 這個釣餌必須是跟主題相關的。

它不能是隨便的故事或軼事。假如我只是每十分鐘講一個笑話，或是不相干的軼事，上課會顯得鬆散、沒有組織，或甚至更糟：學生開始不相信我的動機，以為我在打混、騙薪水，在娛樂他們而不是教他們知識。所有的聽眾都很會判斷一個演講有沒有組織，假如他們感到沒有學到東西，他們會很生氣浪費了時間。很幸運的是，我發現只要我的餌跟主題的內容很有關係的話，學生會從覺得被娛樂更進一步到被吸引，他們跟隨著我授課的材料前進。雖然他們在休息，但是自己不知道，因為這個提供中間休息的故事是跟教材有密切關係的。

3. 這個釣餌必須放在兩個段落之間。

我可以把它放在十分鐘段落結束的地方，把前面做個總結，重複剛剛授課內容的不同層面或從不同角度來看同樣內容。我也可以把它放在十分鐘段落之前，介紹新的教材，使他們預期教材內容的某些層面。我發現在一開始上課時，先講一個跟今天授課有關的餌，讓學生預期今天會學到的東西，就是一個抓住學生注意力、提高教學成效很好的方法。

當我在上課開始放鉤時，馬上就注意到學生態度的改變。第一，他們的注意力可以保持到十分鐘的最後；第二，他們似乎可以維持他們的注意力到下一個十分鐘，只要在每十分鐘終止時，我再給一個餌的話，我就可以贏得這場注意力的戰爭。

當演講進行到一半或上課上到一半，已經用過兩個或三個餌之後，我發現可以省略第四和第五個餌而一直抓住他們的注意力直到終場或下課鐘響起。從一九九四年發現這個模式對學生真的有很好的效果，我就一直用到今天。我的模式對你來說是否一樣有效？我不敢保證。我可以確定的是，大腦不會去注意無聊的事情，我跟你一樣對無聊的演講或課程感到極端的厭倦。

總結
Summary

大腦守則 6

人們不會去注意無聊的東西

★大腦注意力的探照燈一次只會打在一樣東西上面，不能一心多用。

★我們對一個事件的意義及整體主旨的記憶比細節好。

★喚起情緒會幫助大腦學習。

★聽眾在演講開始後十分鐘左右注意力會游離，開始精神不集中，但是你可以用講故事、軼事或帶有情緒的事件重新抓住他們的注意力。

第7章 記憶

大腦守則 7

重複才記得，記得才能去重複

假如你生來的心智是令人驚異到大腦科學家自動要求深入研究，那真是一件很榮幸的事。在過去的一百年中，只有兩個人得到這個殊榮，他們令人嘆為觀止的大腦為我們對記憶的了解帶來很多新知。

第一個擁有這種心智的人叫金．匹克（Kim Peek），生於一九五一年，出生時並沒有任何跡象顯示他會如此與眾不同。他的頭比一般嬰兒大，兩個腦半球中間沒有胼胝體（corpus callosum），而且小腦是受損的。他一直到四歲才會走路，常常因為不了解一件事情而大發脾氣。他在童年期被診斷為智能不足，醫生希望送他去專門收容智能障礙者的療養院，但是他的父親沒有這樣做，因為他發現他兒子有一些別人所沒有的能力。其中一個就是記憶，匹克是有史以來記憶力最好的人，他可以同時讀兩頁書，一隻眼睛讀一頁，並且永遠記住每一頁上所講的東西。

匹克生性害羞，但是他父親曾經讓作家莫洛（Barry Morrow）去採訪過匹克。這次採訪是在圖書館中進行的，匹克向莫洛證明了他對圖書館中的每一本書以及該書作者的熟悉，然後他開始引用運動比賽上的一些不重要的小數據，如某次奧運某人跑多少公尺競賽、跑了幾秒等等，然後他跟莫洛談美國歷史上的一些戰爭，從獨立戰爭到越戰，一切都非常地正確。所以莫洛當場決定他要寫一齣關於匹克的劇本，這就是後來得到奧斯卡金像獎的電影《雨人》（*Rain Man*）。

匹克的大腦發生了什麼事？他的心智是屬於認知上的怪人，還是正常學習的一個極端例子？他顯然擁有超強的記憶能力，在匹克的大腦接觸到訊息時，一定有很重要的事情發生，而這個過程應該與我們其他人沒有很大的不同。

學習剛開始的那一點時間給了我們記住事情的能力。大腦有不同的記憶系統，許多是在半自動的情況下運作的。我們所知道的大部分是陳述性記憶（declarative memory），這是你可以說得出來的記憶，例如「天空是藍的」，這種記憶包含四個步驟：**登錄**（encoding）、**儲存**（storing）、**提取**（retrieving）和**遺忘**（forgetting）。本章是與第一個步驟有關的，事實上，它是關於第一步驟的頭幾秒所發生的事情。這是一開始被看見的東西後來有沒有被記住很重要的關鍵。

為何我們有記憶

我們並不是在剛出生時就知道這世界上所有我們應該知道的事，這表示我們對外界的知識是來自我們自己親身的經驗或是別人教導的二手經驗。記憶力對我們的生存極有幫助，它讓我們記得哪裡有食物，哪裡藏著威脅。像人類這種弱小的動物（只要把我們的指甲跟家裡的寵物貓相比，就可以知道人類是多麼地弱小無用了），假如經驗不能塑造我們的大腦，在大草原上，人類早就被吃光光了。

但是記憶不只是達爾文的棋子而已，大部分的研究者同意，它對我們大腦的影響，是它使我們能夠有意識地覺察到我們所愛的人的面孔和名字、我們的喜好，並將這些保持在記憶之中。我們並不會在上床睡覺醒來後，還要花上一個星期的時間去重新學習整個世界。記憶讓我們做到了，甚至人類最特殊的能力——說和寫某種語言——也是因為有記憶的關係才會存在。記憶不但使我們能夠繼續生存下去，它還使我們成為人。

記憶的種類

匹克所擅長的記憶類別叫做陳述性記憶，當你要回憶你的身分證號碼時就會用到這類記憶，你的提取指令可能包括上次看到身分證時的視覺影像，或是記得上一次你寫下這個號碼時的情景，然後你就可以說出你的身分證號碼。

然後讓我們來看看第二種記憶的類型：現在請想一想如何騎腳踏車。這跟回想身分證號碼是一樣的記憶處理模式嗎？幾乎不是。你不會叫出踩腳踏車的步驟方法細節清單好記得應該先踩左腳還是右腳、你的背是應該彎成什麼角度才能維持腳踏車的平衡、大拇指應該放在哪裡好控制把手。這個對比提供了一個很有趣的重點：我們回憶怎麼騎腳踏車跟回憶身分證字號是用不同的方式。會騎腳踏車這件事好像是獨立於有意識地回憶這個技術之外，你可以有意識地知道你在回憶身分證字號，但是在騎腳踏車時你並沒有意識到你是如何騎的。所以，說得出來的記憶就是那些你可以在意識界中知覺到的，如一串號碼；說不出來的記憶是那種無法在意識界中知覺到的，如騎腳踏車的技術你一下子說不詳細，但是一上車就會了，腳自然去踩，身體自然去保持平衡。

我們的記憶也可以分成短期記憶與長期記憶兩種系統，這是十九世紀的一位德國科學家首先提出的，他用自己的大腦做了第一個真正有科學根據的記憶實驗。艾賓豪斯（Hermann Ebbinghaus）生於一八五〇年，他年輕時很像聖誕老人和約翰・藍儂（John Lennon）的混合體，有著棕色的大鬍子，戴著圓框眼鏡。艾賓豪斯設計了一個實驗流程，他列出了兩千三百個無意義的字，都是由子音—母音—子音三個字母所組成的字母串，如TAZ, LEF, REN, ZUG，然後想辦法記住以這些字組成的不同排列、不同長度的字單。他的一生都奉獻在記憶的研究上，憑著普魯士步兵的執著（他曾當過短期的步兵），他記錄下三十年來他記憶這些字串的結果。他發現了很多人類學習的重要觀念，例如記憶壽命的長短不同。有些記憶只有幾分鐘的壽命，有些堅持到幾天或幾個月，有的甚至一輩子忘不掉。他的發現也是教育領域最讓人沮喪的事實：人們通常在三十天內忘記課堂中所學的百分之九十，大部分的遺忘發生在上課後的頭幾個小時之內。艾賓豪斯同時發現只要隔一陣子重複一次這個訊息，能大大地增加記憶的壽命，這部分在本章的「長期記憶」篇幅中會提到。

在我們形成記憶或遺忘之前，大腦初次遇見新的陳述性訊息時有一小段關鍵時刻，讓我們來看看大腦那時在做什麼。

我們不是只有按下「紀錄」鍵

湯姆是一個盲眼男孩，在他第一次聽到一首曲子之後，他可以像職業鋼琴家一樣，完整且優雅地把音樂彈出來。他彈鋼琴的方式非常多變，可以雙手同時彈兩首不同的曲子。但湯姆從來沒有學過鋼琴，他甚至從來沒有接受過任何的正式音樂訓練，他僅僅透過聽的方式學會彈鋼琴。當我們聽說像這樣的人時，通常都很嫉妒。湯姆對音樂的吸收就好像他能打開大腦中的神經錄音機似的，每個人可能都有這個配備，只是我們的錄音機沒有這麼好。這是一種一般印象，很多人認為大腦像部錄音機，學習就是把「錄音」的開關按下；要回憶時，就把「播放」的鍵按下，但這是錯誤的。

學習最初發生的那一剎那，即登錄，有著不可思議的神祕性和複雜性。從僅有的一點點知識中，我們認為它像沒有加蓋的食物調理機，訊息在進入大腦後，被切得碎碎的，且噴得到處都是。這是在瞬間發生，例如：你在看一張複雜的圖片，你的大腦立刻分離出斜線、直線，並把它們儲藏在不同的地方；顏色也是一樣。假如這圖片是會動的，這些動作會馬上被抽離出來，儲存在不同的地方，靜態和動態圖片的儲存位置不同。大腦也是這樣對語言做切片和切塊。有一名婦人在中風後，失去了使用母音的能力，你請她寫一個簡單的英文句子「Your dog chased the cat.」（你的狗追貓），她會寫成「Y_r d_g ch_s_d th_c_t.」，母音的部分空白，但每個字母的順序是正確的。從她身上，我們知道母音和子音儲存在不同的地方，中風損壞了她的一些區域的連接。同樣地，雖然她失去了在一個字中填入母音的能力，但是她正確地保留了母音的位置，所以母音跟母音位置的知識是儲存在不同地方的，也就是說內容跟它的情境其實是分開儲存的，這跟前面提到的錄音機概念正好相反。

大腦像部調理機

大腦為什麼要這樣來處理訊息呢？登錄一個訊息表示要把數據轉換成密碼。訊息從一種形式轉移成成另一種形式才有辦法被傳送。從生理的觀點來看，大腦必須把外在能源（如：影像、聲音等等）變成大腦可以懂的電流型態，然後大腦再把這些電流型態儲存在不同的地方，就像下面的例子。

有一天晚上我住在一位朋友家，他在一個很美的湖畔有幢小木屋，裡面有隻長毛的大狗。第二天早上，我去外面與狗兒玩拋接遊戲，我失手把棍子丟入了湖中，我不曾養過狗，所以完全不知道當狗從湖裡跑出來會做什麼樣的動作。這隻狗就像迪士尼電影中的友善海怪一樣，從湖中躍出，全力衝刺到我面前，突然停住，然後用力把身上的水甩掉，因為沒想到要立刻躲開，我被弄得一身濕。對大腦來說，這整件事全部都是外在能源跟電流。

我的眼睛捕捉到從這隻拉布拉多犬身上迸出的光子（photon）型態，我的大腦很快地把光子型態轉換成電流（譯註：即運動電位〔action potential〕），然後將訊息送到我枕葉（occipital lobe）的視覺皮質。現在我的大腦可以看見狗了，在這學習一開始的時候，我的大腦已經把光的能量轉換成它可以了解的電流語言。我的耳朵捕捉到狗大聲吠的聲波，我的大腦同樣把這些聲波的能量轉換成對大腦友善的電語言，這些電流訊號也同樣送到皮質，但不是視覺皮質區而是聽覺皮質區。從神經元的觀點看來，這兩個中心相距了一百萬哩。所有外界的刺激，如陽光照在我皮膚上到狗身上的水珠濺了我一身，統統需要同樣的轉碼和經由不同的路線到達皮質的各個處理中心。

所有的外界訊息都需要登錄，這些處理中心散布在大腦各處，所以才會說大腦像部調理機。在跟狗接觸的這十秒鐘裡，大腦已經徵召了千百個不同的大腦部位，協調了千百萬個神經元的活動，我才看到狗的活動，才感到狗身上的水珠濺到我衣服的感覺，我的大腦登錄了這件事。

你很難相信這件事，是吧？世界對你來說是不可分割的整體，你的大腦怎麼去追蹤每一件事？又如何把所有元素重新湊成一個連續性的整體呢？這是一個令研究者困擾了多年的問題，被稱為「結合問題」（binding problem）：來自大腦中的想法和念頭要綁在一起才會成為整體的思緒，我們尚未完全了解大腦如何每天輕鬆自如地給我們外在世界是穩定的錯覺。

輕鬆與費力的處理歷程

大腦還有其他決定登錄訊息的方式。從心理學的觀點來看，登錄是我們了解、注意，並為了儲存的目的把訊息組織起來的方法，這就是匹克最精通、專門的事情。大腦可以在好幾種不同型態的登錄中做選擇，我們能不能輕鬆地記住某件事，有一部分是看你用哪種方法來登錄訊息。

自動化處理

幾年前我去聽保羅・麥卡尼（Paul McCartney）的演唱會，假如你問我那天晚上我吃了什麼，及舞台上表演些什麼，我可以很詳細地告訴你。雖然記憶是很複雜的（包括事件發生的地點、先後次序、看到的、聽到的、聞到的等等），我卻不需要寫下那天晚上的經驗，然後在你突然問我那天晚上的事時背誦出來。這是因為大腦發展出一種科學家叫作「自動化處理」（automatic processing）的登錄法。這完全是隨機發生，只需要一點點注意即可，大腦似乎一旦遇到能被視覺化的訊息就是用這種方式來登錄（自動化處理通常和回憶訊息的實際地點與前後發生的事情有關）。用這種方式登錄的訊息很容易被回憶出來，記憶好像已經被有條理地組織在一起了，隨時等待你的提取。

有意識的處理

然而，自動處理有個不好的雙胞胎，就是不服使喚。當麥卡尼的演唱會一開始售票時，我立刻上網去訂購，上網需要密碼才能進入，而我完全不記得我的密碼是什麼，費了九牛二虎之力，最後我終於找到對的密碼，搶到了兩個好位子。要讓大腦記住通關密碼是件很不容易的事，在我的家中，到處都有寫著密碼的紙條，我沒有像身分證那般很常使用這些密碼，所以記不住它們。這種登錄需要意識，要特意去記住，稱為「有意識的處理」（effortful processing）。它需要重複練習才能像自動化處理一樣，輕鬆地被提取出來。

其他登錄方式

另外還有三種登錄法可以從下面快速簡單的測驗中得之，請看一下大寫的英文字，然後回答下面的問題：

1. FOOTBALL 這個字可以嵌入句子：I turned around to fight ______ 嗎？

2. LEVEL 這個字跟 evil 韻母相同嗎？
3. MINIMUM 這些字母中有任何圓形的字母嗎？

回答這些問題需要運用到不同層次的認知技能，研究者由此而知大腦有不同的登錄型態。第一個句子用的是「語意登錄」（semantic encoding），要回答這個問題需要注意到字詞的意義。第二個句子用的是「語音登錄」（phonemic encoding），你要比較兩個字詞的音才能回答。第三個句子描繪的是「結構登錄」（structural encoding），這是最淺層的登錄，只要比較外形就可以做決定了。

當訊息進入你的大腦時，你用的登錄方式跟後來能否正確地回憶出這個訊息大有關係。

解碼

所有登錄歷程都有一些共同的特徵，如果我們能留意其中一、兩個，訊息就能更有效率地被登錄（也更能被記住）。

1 在學習時，訊息登錄得越仔細，記憶就越強

訊息在一開始登錄得越詳細、越多元、且包含越多情緒，這個訊息所形成的記憶就越

Tractor（拖拉機）	Pastel（蠟筆）	Airplane（飛機）
Green（綠色）	Quickly（很快地）	Jump（跳）
Apple（蘋果）	Ocean（海洋）	Laugh（笑）
Zero（零）	Nicely（很好）	Tall（高）
Weather（天氣）	Countertop（工作檯）	

強。你可以找兩組朋友試一個實驗，請他們看看上表中的英文單字幾分鐘。

請第一組的人判斷這些英文單字的字母中有幾個是有斜線的，有多少個是沒有的；請第二組的人想這些單字的意義，以1到10分表示他有多喜歡這些單字。然後把字單拿開，等幾分鐘後，請他們寫下剛剛所看到的單字。

哪一組人會記得比較多單字呢？你會發現多年來心理學實驗室所發現的事情，就像兩位專家——史奎爾（Larry Squire）與肯戴爾（Eric Kandel）在其著作（編按：《透視記憶》〔*Memory*〕，中譯本遠流出版）中所寫的：「這個實驗的結果是很驚人而且一致。處理到意義程度的那一組，比起僅注意字的形式者回憶多出二至三倍的字。」你也可以用圖片或是音樂來做同樣的實驗，結果都是一樣的。

這時候你可能會對自己說：「這有什麼了不起？一個東西有越多的意義就記得越清楚，不是嗎？」大部分的研究者會說，是！判斷 Apple 這個單字的筆畫中有沒有斜線當然不及記得瑪波姑媽的蘋果（Apple）派那麼深刻，然後再加上評估喜不喜歡派或是蘋果時，讓它得到10分，在回憶時，當然最容易想到。若能找出這個單字的個人經驗的話，記得最牢。

所以從事業務和教育工作的人，就是要讓客戶和學生能自動將你所說的話做這種深層的登錄。

2 假如能重複或接近學習時的情境，記憶的效果會越好

在認知心理學上有一個很不尋常的實驗是英國貝德利（Alan Baddeley）的實驗，它比較了一群穿著潛水衣的深海潛水員在陸地上和在海面下三公尺的大腦功能。一組人在海底聽別人念四十個隨機的生字，然後測量他們在海底和陸地上回憶這四十個字的能力，結果發現在海底學的在海底的回憶比在陸地好了百分之十五。而在陸地上學的另一組人在陸地的回憶也比在海底好了百分之十五。所以顯然當提取的情境跟當初登錄的情境相似時，有最好的回憶效果（譯註：這是為什麼嫌犯都要帶至犯罪現場重新表演一次犯罪過程，以確定嫌犯所言符合犯罪事實，許多時候嫌犯回憶說看見某些東西，而現場有障礙物使他不可能看見，那麼，中間就有隱情）。這個可能性強到甚至一開始的學習不好，只要重複原始的情境，記憶都能進步，例如：當一個人在大麻或笑氣（氧化亞氮）影響下的學習。情緒也能提供環境情境，當你在學習一件事時心情是不好的，那麼在提取時如果心情也不好，你記得的就會比較多。

這種狀況叫做「情境依賴」（context-dependent），或「情境獨立」（context-independent）的學習。

訊息登錄與儲存的路徑相同

在新訊息被覺知與處理後，它們並不是被傳送到大腦的某個中央硬碟儲存。大腦並沒有一個中央倉儲可以存放等待提取的記憶。大腦的神經通路一開始形成是為了處理某個新訊息，後來變成大腦重複用來儲存訊息的永久通道。這表示記憶的儲存是分布在皮質表面的各處，大腦的每一個區域對整個記憶有不同的貢獻。

這個想法有點違反直覺，可能需要一個「都市奇談」才能解釋清楚。我為什麼說它是都市奇談呢？有一次我去參加一個大學一級主管的午餐會報，有一位主講者說他曾經碰到一位大學校長，在暑假裡把校園整個翻修，有噴泉和綠草如茵的草地，最後只剩下通往教學大樓的步道就完工了，但是藍圖上沒有畫出這些永久的步道。工人急著把工程做完，但是校長說請明年再來鋪，到時候就會有藍圖了。工人雖不滿意，也沒有辦法，只好等。學校開學後，學生被迫穿越草地到他們的教室上課，很快地，各種路徑就顯現出來了，到學期結束時，學生走得最多的路徑，自然也就是通往教室的最佳捷徑了。校長對等待了一年的工人說：「現在，你們可以動手了，只要把眼前這些步道鋪上瀝青就可以。」一開始的輸入形成了原始的設計，最後變成永久的通道。

大腦的儲存策略跟這位校長的計畫非常相似。新刺激進入大腦的通道就像學生上下課走的草地路徑，而最後的儲存地方就像鋪上瀝青的永久通道。它們是同一條路徑。這就是為什麼學習一開始的階段對於記憶的提取如此重要。

新想法．新點子

登錄階段——最早的學習階段——的品質是以後學習成功最有力的指標。我們知道假如一個訊息是經過仔細處理的、有意義的、有情境脈絡的，就會記得比較好。我們可以如何在真實世界中利用這種特性？

第一，我們可以從我小時候常去的一家鞋店學到一個經驗。這家鞋店的門上有三個高低不同的把手，一個很高，一個很低，另一個在中間。這樣做的理由很簡單，門上的把手越多，顧客就越容易進門，不會受限於顧客的年齡和力量。對一個五歲的男孩來說，能夠自己開門是多麼開心的事！這扇門如此吸引著我，甚至我還曾經夢到它。在我的夢中，這間鞋店的門上有幾百個把手，統統可以打開讓人進入這家鞋店。

「登錄的品質」其實就是門上的把手，它是訊息的入口，在學習時所創造的把手越多，以後提取出這個訊息的可能性也就越大。我們可以環繞著事件的內容、時間性和情境來增加把手。

理解訊息的意義

學習者越專注在學習材料的意義上，登錄的程度就越深入而詳細。這個原則太顯著了，以至於常常被我們忽略。它的意思是當你想要把一個訊息深植到記憶中時，最好的方法就是搞清楚這個訊息的意義；假如你想把一個訊息深植到別人的腦海中，最好的方式是確定他們知道這個訊息的意義。同樣地，假如你不知道你要學習的東西有什麼意義，不要想用死背的方法去記住它，然後希望有一天意義會自己跑出來。當然你也不要期待學生可以這樣做，尤其是假如你沒有把這個訊息解釋得很清楚的話。這就像我們前面舉的例子：看看字母中有多少條斜線，想用這種策略去記住生字效果是很差的。

利用真實世界的範例

那麼，我們怎麼提昇意義使學習的成效增大呢？一個最簡單的方法是把真實世界的例子大量地放在訊息中，不停地用有意義的經驗去突顯主題。這可以靠學生自己用課後時間練習，但當然最好是老師在上課時，直接舉很多跟學生生活有關的例子來說明今天上課主題的意義。這種方式已經在很多的實驗中被證明是有效的了，其中一個實驗是請好幾組學生閱讀一篇三十二頁的論文，內容是有關一個虛擬的國家，這篇論文前言部分經過特別設計，分成包含一個有關這個主題的例子、兩個例子、三個例子或完全不給例子。實驗結果非常清楚：在前言中給的例子越多，學生學習得越好。最好的例子是真實世界中學生熟悉的情境。你還記得瑪波姑媽的蘋果派嗎？這不是一個陌生人所煮的抽象食物，它是真實世界的食物，而且是自己的親人烤的。例子越個人化，它的登錄越深，你就記得越清楚。

例子會有效是因為它利用大腦偏好型態配對（pattern matching）的本性，一個訊息如果能跟學習者大腦中已經存在的訊息立刻聯結在一起的話，就會馬上被處理。當登錄新訊息時，我們會比較兩個輸入，尋找它們的異同。提供例子就好像在認知上，提供更多的門把，例子使新訊息更複雜，登錄得更好、更深，所以它的回憶會更好，學習就增進了。

好的開始是成功的一半

前言真的非常重要。我在念大學時，有一位教授真的可以算是瘋子。他教我們電影史，有一天，他想教我們電影在傳統上怎麼表達情緒的脆弱。他一邊上課，一邊寬衣解帶，他先脫掉他的毛衣，然後，一個扣子、一個扣子的解，把他的襯衫脫下來，直到裡面的T恤，然後他拉開褲子拉鏈，把褲子褪到腿踝，感謝上帝，他裡面穿了運動褲。他眼睛發亮地說：

「你們可能永遠不會忘記有些電影用裸體來表達情緒的脆弱，還有什麼比裸體更容易受傷害？」我們非常感謝他沒有繼續給我們看他這個例子的細節。我果然忘不了電影課中這個單元的前言介紹（雖然我不推薦這種特殊的上課方式），但是這個例子點出了時間性在記憶上的重要性：第一次接收到一個訊息的經驗，都會先入為主地影響到日後回憶的正確性。假如你想把一些訊息傳給某人，一個令人難忘的前言或介紹，就是以後別人不忘記這段話最重要的一個因素。為什麼我們一直強調一開始的時候？因為事件的記憶是儲存在大腦一開始徵召的神經元上。

其他的行業也逐漸發現了這個祕密：剛出道的小導演會被製片人告知，他必須在影片一開頭的前三分鐘前抓住觀眾的注意力，這部片子才會賺錢；職業演說家或名嘴則告訴你，一場演講的成敗決定於你能不能在開場後三十秒抓住你的觀眾。

創造熟悉的情境

我們知道學習跟提取的情境越相似，效果就越好，但是我們對「相同的情境」並沒有一個很好的定義。我們可以用好幾種方式來探討這個主題。

其中一個建議是在雙語家庭中打造一個「西班牙文房間」：在這房間內只能說西班牙文。這個房間中可以放很多西班牙的東西，包括西班牙的大型圖片，所有的西班牙文都在這個房間教，在這裡不准說英文。後來父母親告訴我，這樣做很有效。

當父母為孩子布置家裡的遊戲房時，可以分隔出「科學區」與「藝術區」，而且在藝術區只能進行藝術活動，不要進行科學學習。學生在準備口試時可以用口語練習，而不是只有複習書面資料。汽車維修學徒可以到真正修車的維修廠中學習引擎維修等技術。

在學習的時候，很多環境的特質——甚至跟學習目標無關的訊息——都會被登錄到記憶中，環境加深登錄的程度，就相當於在門上多裝幾個門把。

訊息登錄後，工作記憶就產生了

陳述性訊息在登錄後一開始的幾分鐘內發生了什麼事呢？它們在我們的記憶中停留了一小段時間。

很多年來，教科書都用一個例子來解釋記憶的產生：一個事件進入記憶就好像有人掉了一堆書在碼頭上，碼頭工人會把書搬進空的書店中，書就永遠的儲存在書店裡了。因為碼頭很小，一次只能堆少量的書，如果舊的還沒有拿走而又有人把新的堆上來時，又累又倦的碼頭工人會把新的搬進去，舊的就推落海了。

現在已經沒有人用這個例子了，因為短期記憶被發現比過去以為的更加活躍，沒有那麼嚴謹的序列性；而且比上述例子提到的有更複雜的處理歷程。現在學者認為短期記憶其實是一群暫時記憶的能力，是大腦處理新訊息的忙碌工作區。每一個工作區負責處理某一種特定的訊息，包括：聽覺訊息、視覺訊息和故事，還有一個「中央執行系統」（central executive）掌握大家的活動，彼此之間是平行處理的，因此現在短期記憶被稱為工作記憶。或許解釋工作記憶最好的方式是看它怎麼運作。我想不起還有哪一個例子比職業西洋棋選手納朵夫（Miguel Najdorf）更好。

納朵夫個頭矮小，但是有一副天賦的好嗓子，與其他的國家代表隊員一起在一九三九年到阿根廷的布宜諾斯艾利斯（Buenos Aires）參加比賽，兩週後，希特勒侵入他的祖國波蘭，使他無家可歸。他只好躲在阿根廷，逃避納粹的大屠殺。他的父母、四個兄弟及妻子都死在集中營，為了要使其他親戚知道他還活著、跟他聯絡，他曾經同時下四十五盤棋，使消息上報。他贏了其中三十九盤，四盤平手，兩盤輸掉，這就已經夠令人驚奇的了，更令人驚奇的是他是**矇著雙眼**在十一個小時中下完四十五盤棋。你沒有看錯，納朵夫完全沒有看到棋子或棋盤，他在心中下棋。

工作記憶中有幾個不同的部件在納朵夫的大腦中同時運作，他的對手會以口述方式說出棋子的移動，處理語言訊息的工作空間（稱為「語音迴路」〔phonological loop〕），讓他可以暫時保留這項聽覺訊息。

納朵夫將每一盤棋化成在腦海中的影像好移動他自己的棋子，處理影像、空間輸入的工作空間（稱為「視覺空間描繪本」〔visuospatial sketch pad〕）開始運作，使得他可以暫時保留這個視覺訊息。

為了分辨不同的棋局，納朵夫的大腦必須使用追蹤工作記憶所有活動的工作空間（中央執行系統）。

這些工作空間有兩個共同特徵：容量有限、保存時間有限。工作記憶是登錄開始的那幾秒鐘與記憶長期儲存之間的橋樑，如果在工作記憶存放的訊息沒有轉換成比較長久的形式，那這些訊息很快就會消失了。

如果你失去把短期訊息轉換成長期記憶的能力會怎麼樣？一個被腳踏車撞傷的九歲小男孩告訴了我們答案。這位科學家熟知的案例名就是H. M.，他是第二個擁有令人驚異的大腦的人。九歲那場意外讓H. M.的大腦嚴重受傷，使他開始癲癇。癲癇的情況逐漸惡化，到他二十幾歲時，甚至嚴重到必須被隔離，因為癲癇的發作會對自己和別人造成危險。絕望的家人轉向知名的神經外科醫生史柯維（William Scoville）求助。史柯維決定採取較激烈的作法：他打算移除H. M.部分的大腦。醫生發現他的病灶在顳葉（temporal lobe），如果把這部分移除了，那癲癇應該就會消失。這個方法叫做切除術（resection），醫療界目前還有在使用。

這個手術贏了這場戰役，卻輸掉整個戰爭。H. M.的癲癇消失了，但他的記憶卻也跟著消失。H.M.可以見到你、打了招呼，一兩個小時以後再見你時，已經完全忘記曾經見過你，他會重新跟你打招呼，如同第一次見到你般熱烈。他甚至不認識鏡子中的自己，當他馬齒徒增時，面孔會老化，但是他無法將新的訊息轉放進長期記憶中。他永遠只記得手術前自己的模樣，因此，他不知道鏡中的老人就是他自己。H.M.的大腦仍然可以登錄新的訊息，只是他喪失了把新訊息轉化成長期記憶的能力。

把短期記憶的痕跡轉化成長期記憶的過程叫做「固化」（consolidation），這是我們接下來的主題。

長期記憶

一開始時，記憶的痕跡是很有彈性、可塑性的，而且很容易消失。我們每天碰到的大部分訊息輸入都是屬於這一類，很快就流失了，但是也有些記憶緊跟著我們不放。這些記憶一開始時很脆弱，但是隨時間過去，它們慢慢強化，變得不會再改變，最後成為可以重複提取而且拒絕改變的狀態。然而我們後面會看到，這些長期記憶並沒有我們想像的那麼穩定，不過仍被稱為長期記憶。我有一次跟我六歲的兒子一起看電視播的紀錄片，是跟狗的展覽有關的。當鏡頭照在一頭德國牧羊犬身上時，一個發生在**我**六歲時的事件突然浮上我的心頭。

在一九六〇年時，我家後院的鄰居養了一隻德國牧羊犬，他們每個星期六都不餵牠吃飯（我們猜的）。因此每個星期六的早上八點，牠就會跳過籬笆，衝向垃圾桶，把它撞倒，翻裡面的東西吃。我父親很討厭這隻狗，因此決定在星期五的晚上把垃圾桶通電，狗的濕鼻子一碰觸到垃圾桶，牠就會被電到。第二天早上，我父親早早把我們叫起床來看他的「熱狗」表演，結果那隻狗一直到稍晚才跳過籬笆，牠也沒直接跑向垃圾桶，而是先在院子裡撒尿，做記號以確定牠的領域。然後牠慢慢靠近垃圾桶，我父親開始微笑，當狗抬起牠的後腿對垃圾桶做領域記號時，我父親興奮地大叫「逮到你了！」你不需要知道哺乳類動物尿液中電解質的濃度就知道當牠對垃圾桶小便時，電路就接通了。牠大腦的神經元著火了，牠未來的生殖成功率突然有了危險，這隻狗哀鳴，跳回去找牠的主人。從此這隻狗不再來我家，事實上，牠不曾走進我們家四周一公尺的範圍內。我鄰居的狗長得跟電視上的那隻非常相似，我有好多年沒有想到這件事了。

當那隻狗的記憶被傳喚回我的意識時，我的大腦發生了什麼事？我們過去以為固化（就是指引短期記憶進入長期記憶的機制）只作用在新近的記憶上，一旦記憶變硬了，它就永遠不會回到當初脆弱的情形，但是現在已經不這樣想了，有越來越多的證據指出，當一個以前已經被固化的記憶從長期記憶中被取出，放回意識界時，它又回到短期記憶了，又被當作新的資訊重新回鍋進入工作記憶，可以重新經過處理。

這表示**每一次我想起**這個熱狗的故事，它就被迫重新開始固化的歷程，這個歷程現在被稱為「重新固化」（reconsolidation）。你可以想像得到，許多科學家開始懷疑人類記憶穩定性的整個觀念是否正確。假如固化不是一個序列性的一次事件，而是每一次這個記憶痕跡被活化，它就重新來過一次，表示永久性的儲存只存在於那些我們不去回憶的記憶上！假如這是真的，那麼下面我要講的重複對學習的關係就非常、非常地重要了。

提取記憶：圖書館模式和偵探模式

就像工作記憶一樣，這些長期記憶也有不同的形式，彼此相互交流互動，但是不同於工作記憶，學者對於它的形式究竟是什麼樣的並沒有太多共識。大部分的學者同意有語意記憶系統，例如：你會記得你姊姊最喜歡的衣服，或你在念高中時體重是多少。大部分學者也同意有事件記憶，記得過去的經驗事件，包括人物、故事和時間（如畢業五年高中同學會）。事件記憶底下有一個次級的記憶就是自傳型的記憶，儲存著你從小到大做了些什麼事。

我們要怎麼提取這些記憶？研究者認為有兩種模式：一個是被動的影像圖書館模式，另一個是有攻擊性的影像犯罪現場。

在圖書館的模式裡，記憶儲存在我們大腦中就好像書儲存在圖書館中一樣，提取開始於下達一個指令，在書架上瀏覽，尋找所要的那本書。一旦找到了，這本書的內容就被帶至意識界然後被閱讀，記憶就提取出來了。在學習完後那段時間的初期（幾分鐘、幾小時或幾天），這個模式讓我們可以複製相當特定和詳細的記憶。

隨著時間過去，曾經清晰的細節也逐漸消逝，我們只好轉到第二個模式。這個模式是把我們的大腦記憶看成一個犯罪現場的集合體，每一現場都有自己的神探福爾摩斯。提取開始先召集所有偵探到某個犯罪現場，那裡有很多記憶的碎片。當福爾摩斯到達犯罪現場時，他開始檢視現場所留的蛛絲馬跡，重新建構犯罪過程，也就是所儲存的東西。大腦中的福爾摩斯可不怕使用上一點想像力，為了彌補這中間不連貫的地方，大腦被迫仰賴現場的碎片，推論發生了什麼事，甚至是猜測，經常還用上與事實無關的記憶（這蠻讓人困擾的）。

為什麼大腦在試著重新建構記憶時要插入一些假的訊息呢？這是因為大腦渴望把外面混亂世界送進來的訊息加以組織。大腦不停地接受新的訊息，需要把它們儲存在已經被前面的經驗所佔據的同一個位置內。因為經常在做型態配對，大腦會想把新的訊息跟舊有的掛上鉤，好讓這個世界變得合理。大腦找到已經存在的訊息，讓它回到可被改變的形式，新的訊息重新塑造舊的訊息，再把這個重新創造的整體放回新的儲存地去。這是什麼意思呢？新的訊息會滲入舊的，像搓繩子一樣，新舊股絲交互組織在一起，不可分離了。這會不會使你對外界的真實性只是個約略的估算？當然會。精神科醫生歐佛（Daniel Offer）讓各位看到我們的福爾摩斯記憶提取方式有多不可靠。假設你是一個高中新生，剛好也是他研究的受試者，他會拿出一張問卷問你一些完全不關他的事的問題，例如：宗教對你的成長有幫助嗎？你有被體罰過嗎？你父母鼓勵你參加運動比賽嗎？等等。然後三十四年過去了，歐佛醫生找到了你，又給你同樣的問卷請你填，你所不知道的是，他仍然保存了你在高中時給的答案，他打算要比較你兩次問卷的答案。你覺得你會回答得怎麼樣？

簡單地說，糟透了。以體罰為例，歐佛發現只有三分之一的成人回憶自己小時候有被體罰過，如打屁股，然而當他們是青少年時，有百分之九十的人說曾經被體罰過。

複誦能鞏固記憶

有沒有辦法得到一個可靠的長期記憶？這個答案是肯定的，如同我們的大腦守則──重複才記得──所建議，記憶在學習一開始時可能是不穩定的，但是固定間隔的重複溫習可以使記憶固定。

以下是一個實驗，請看下面這個符號列表三十秒，把它蓋起來，再繼續往下讀。

3$8?A%9

你可以回憶出剛剛看到的東西嗎？你能在沒有內在複誦的情況下回答出來嗎？假如你不

行，不必緊張，大腦一般只能裝七樣東西而且不能超過三十秒。假如在三十秒內沒有做某些處理，這個訊息就流失了。假如你想延長它的壽命到幾分鐘，或一、兩個小時以上，你需要持續聽到或看到這個列表。這種重複的過程叫做「維持性複誦」（maintenance rehearsal），我們現在知道維持性複誦對把訊息保留在工作記憶中是最有效的。但是有更好的方式能夠把訊息推入長期記憶。在說明之前，我想先說一下我第一次看到有人死亡的經驗。

事實上，那次我是看到八個人死亡。身為空軍軍官的孩子，我很習慣看到軍機在天空上飛，但是有一天的下午，我抬頭看時，我看到一架運輸機在做一個以前我不曾看過，以後也沒有再看到的動作。它從天空垂直栽下，在離我不到三百公尺的地方撞毀，當時我可以感受到震波及爆炸的熱氣。對這個訊息我可以做兩件事：我可以誰也不告訴，或是我可以昭告天下。我選擇了後者，我立刻衝進屋子，告訴我的雙親，我打電話通知我的朋友，然後我們在冷飲店見面，議論這件事。我們的震驚，我們的恐懼，飛機引擎突然停止的聲音，多麼可怕的意外等等，談論了整個星期，直到老師禁止我們再在教室中提起這個話題為止。她威脅我們要做一件T恤，上面寫著：「你已經說夠了。」

為什麼我到今天還記得這件事的細節？因為我很急著要去告訴每一個人。這個意外事件所造成的轟動，使我們一再聽到別人描述當時的情況。我們自己加油添醋地描述當時的感覺，也加深了對這件事的印象，這叫做「精心複誦」（elaborative rehearsal）。實驗發現這種複誦是最有效的。很多研究者發現**在事件發生後立刻**談論它或思考它會加強事件的記憶。這是為什麼在犯罪發生後，第一時間之內就要把證人找來錄音，時間一過去，目擊證人的證詞就不可靠了。（譯註：實驗發現小孩子也是一樣，在罪案發生後，立刻把目擊的兒童帶到一旁，問他：「用你自己的話，告訴我剛剛發生了什麼事？」第一時間內的採證法庭可以允許成為證物。只是問話的人不能用任何引導問題〔leading question〕方式問話，如「是不是某某人做的？」或「你有沒有看到一輛白車？」）

複誦的時間點是主要關鍵，德國研究者艾賓豪斯在一百年前就發現這件事。他指出，**間隔一段時間**後再去複誦最能有效將記憶深植入腦。

複誦要有時間間隔，不能填鴨

記憶很像水泥，要有一段時間才能成為永久的形式；當它在變硬時，它還可以繼續被修改。就像之前提到過的，新訊息會重新塑造或修改已經存在的痕跡。這種干擾特別容易在訊息過度且沒有休息的情況下發生，很像許多會議或教室中的情形。但是只要訊息是以慢慢地、故意間隔開的重複呈現方式輸入，干擾就會減少。持續重複呈現會將訊息新增到我們的知識庫，但是不干擾裡面已經有的居民。科學家不必問你能不能提取一個生動鮮明的記憶，只要用功能性核磁共振（functional magnetic resonance imaging, fMRI）掃描，看你的大腦左下前額葉皮質（left inferior prefrontal cortex）區域有沒有活化起來就可以了。華克納（Anthony Wagner）得知這個發現以後設計了一個實驗，他讓兩組學生記一份英文字單，第一組是不斷重複給他們看，就像考前開夜車那樣，生字拿來一直背；第二組也看同樣的字單，但是重複再看的時間是間隔開的。在回憶的正確率上，第二組學生表現比較好，它們的皮質活動量在fMRI上看起來也比較多。這個結果使得哈佛大學心理系的薛克特（Dan Schacter）教授在其著作中寫下：「如果你要準備一個星期後的考試，而且打算複習十次，那你一定要把時間間隔開來。在一個星期中十個不同的時間重複看這個主題，而不是一次把這個主題看十遍。」（譯註：這是總量〔mass〕和分散〔distribution〕的複誦方式，後者效果好很多。）

科學家還不確定究竟要隔多久再重複一次會得到最好的效果，但總結上述，重複和記憶的關係很清楚，假如你需要記住一份資料，三不五時把資料拿起來看一下。假如你需要記得更多細節，那麼當你拿起來看時，**同時做些思考**，把相關的資料加在一起重複思考。假如你需要栩栩如生的記憶，那麼你就要在固定的時間間隔去重複看以及重複思考這份資料。

記憶固化的過程是先快後慢

我第一次看到凱莉時，我正跟別人交往，她也是。然而我忘不了她，她是一位很漂亮、很有才華，曾得到艾美獎提名的作曲家，也是我所認得最好的人之一。當六個月之後，我們都恢復自由之身，跟前任男女朋友分手後，我開始約她出來。我們相處得很愉快，我開始越來越覺得離不開她，想不到她也是，我們很快就開始固定約會。兩個月後，每次我看到她，我的心就狂跳、手心出汗、胃部翻攪。到後來，我不需要看到她，只要看到她的相片，聞到她香水的味道，甚至只要想到**音樂**，我的心就狂跳、手心出冷汗、胃翻攪。我知道我墜入愛河了。

為什麼會這樣？當我一直看到她，我對她的存在越來越敏感，只要一點線索（如香水）就能激發所有的反應，這個效果已經持續超過三十年了。就把關於愛情的問題留給詩人和精神科醫師吧，接觸的次數越多會導致越來越強的反應正是神經元學習的關鍵。詩人把它叫做羅曼史，神經科學家就把它叫做「長期增益效應」（long-term potentiation, LTP）。長期增益效應從神經元的層次告訴我們在某個期間之內的複誦是怎麼運作的。

快速固化

要描述ＬＴＰ，我們需要離開行為的層次，往下進入細胞和分子的層次。讓我們再回到那艘浮在海馬迴的兩個相連神經元之間的小小潛水艇中，我把突觸前的神經元稱之為老師，突觸後的神經元稱之為學生，神經元老師的目標是把訊息傳到神經元學生那兒去。這個訊息就是電流，我們在前面解釋過了，大腦中唯一通行的語言是電的語言。我們給神經元老師一些刺激，使它產生電流訊號傳到學生那兒去。在很短的時間之內，學生受到了刺激，就很興奮地活化起來，做出回應。這兩個神經元之間的突觸就暫時被強化了。這個現象叫做「早期ＬＴＰ」。

不幸的是，這個興奮只能維持一、兩個小時。假如在九十分鐘之內沒有再從神經元老師那兒得到同樣的訊息，神經元學生的興奮程度就會消失。這個細胞就會把它自己重新設定到「零」，然後表現出好像從來不曾發生過任何事的樣子，隨時準備好接受其他神經元送過來的訊息。假如這個訊號只有從老師那兒給一次，那麼學生所經驗的興奮是短暫的，但是假如這個訊息在某個固定的時間一直重複的話（在培養皿中的細胞是每十分鐘給它一個刺激，一共給三次），那麼老師神經元和學生神經元之間的關係就開始改變了，就像我跟凱莉之間的關係在幾次約會之後的改變。老師神經元所送出的刺激可以越來越小，而引發的學生神經元的輸出卻會越來越大，這個反應叫做「後期ＬＴＰ」。

當兩個神經元從早期ＬＴＰ成功到達後期ＬＴＰ，你就會得到「突觸固化」（synaptic consolidation），因為這個歷程發生在幾分鐘或幾小時之內，所以科學家又稱它為「快速固化」（fast consolidation）。快速固化必須真的有發生才算，任何干擾到這個關係發展的，不論是行為上的、藥物上的或基因上的操弄，都會完全阻礙記憶的形成。

慢速固化

只有兩個神經元並沒有辦法讓我們產生長期記憶。它需要許多神經元連接海馬迴和皮質，並促成它們喋喋不休，這個記憶才存在。皮質像一層薄薄的紙覆蓋在大腦上，攤開來有嬰兒毛毯那麼大，它由六層不同的神經細胞組成，每層細胞都忙著處理身體各部位（包括感官器官）送來的訊息。皮質會長出複雜的根，向下和大腦深層的結構——包括海馬迴——連接，形成複雜的神經網路。皮質和海馬迴（在這裡有許多快速固化）溝通最後的結果就是長期記憶的產生。這個系統固化需要很長的時間，所以科學家把它叫做「慢速固化」（slow consolidation）。

你還記得前面談過動手術把海馬迴切除後，就不認識鏡子中的自己的H. M.嗎？他可以在兩個小時之內見到你兩次，但是毫無曾經見過你的印象，也不記得跟他合作了數十年的研究者。這個無法登錄訊息到長期儲存中的現象叫做前向失憶症（anterograde amnesia）。H. M.同時又有後向失憶症（retrograde amnesia），他也失去手術之前事件的記憶。你可以問H. M.手術前三年所發生的事，他沒有記憶；問他七年前所發生的事，他仍然沒有記憶。假如你對H. M.的認識只有這些，你可能會說他的海馬迴已經失去產生完整記憶的能力，那你就錯了。

假如你問H. M.在很小的時候發生的事，他可以源源本本地說出所有的細節，就像你跟我一樣正常。他記得他的家人，他住在哪裡，小學的情形，下面是他與研究者談話的紀錄：

研究者：你記得任何特別的事件嗎？像聖誕節、生日、感恩節？

H.M.：我曾經為了聖誕節跟我自己爭執過。

研究者：聖誕節怎麼了？

H.M.：我爹地來自南方，他們在那裡不像我們在北方這樣地慶祝，他們沒有聖誕樹，諸如此類。他生在路易斯安那州，後來才來北方，我知道他出生的小鎮名字。

H.M.依然保留完整的手術前十一年的童年記憶。這怎麼可能呢？假如海馬迴跟所有記憶的形成有關，那麼切除之後應該摧毀所有的記憶，但是顯然沒有。海馬迴跟記憶形成的關係大約會持續到事件發生的十一年以後，在那之後，記憶就移到大腦別的地方去儲存了，而這個地方正好是H.M.沒有受到損傷的地方。皮質和海馬迴之間的互動讓我們形成長期記憶，也是H.M.還記得聖誕節的原因：

1. 皮質接收到感官訊息後再傳送給海馬迴，它們一直喋喋不休，在初始的刺激消失很久以後，海馬迴和相關的皮質地區還在嚷嚷。即使你已經睡著了，海馬迴還忙著把訊息送到皮質去，一次又一次地重複播放這個記憶。這是為什麼睡眠對記憶這麼重要，我們在〈睡眠〉一章中就已經談過。
2. 當海馬迴和皮質開始密切來往，它們傳遞的任何記憶仍是相當不穩定，很容易就可以修改。

3. 在經過一段時間後，海馬迴會中止它與皮質的關係，使皮質成為這個事件記憶的唯一擁有者。但是在這段婚姻關係中止之前還有一件很重要的事，海馬迴只有在皮質記憶已經完全固化，從暫時性、可以改變的到永久性、固定不變後，它才會提出離婚申請。這個歷程是系統固化的核心，牽涉到大腦很多部位複雜的重組來產生某一個記憶的痕跡。

海馬迴要過多久才會放棄它與皮質的關係呢？換個方式問：一個訊息要過多久才會完全穩定呢？幾小時？幾天？或幾個月？答案會讓所有第一次聽到的人感到驚訝：**要好幾年**。H.M.和其他失憶症的病人讓我們知道系統固化（把短期記憶轉化成長期記憶的歷程）需要十幾年來完成，在這個期間，記憶仍是不穩定的。

跟短期記憶一樣，長期記憶是儲存在初始處理刺激的相同皮質系統中。要在十年後去提取一個長期記憶，可能只是重新建構一開始學習的那一剎那，當記憶剛開始幾毫秒的時候。

遺忘

我們已經討論了陳述性記憶的前三個步驟：編碼、儲存以及提取，最後的步驟是遺忘，遺忘在我們生活功能上扮演了關鍵性角色。它使我們可以區分出事情的優先順序。假如我們對與生存相不相干的事件都一視同仁，就是在浪費寶貴的認知空間，所以我們不會這麼做。至少，大部分的人不會。

薛瑞雪夫斯基（Solomon Shereshevskii）生於一八八六年，是位新聞記者，他的記憶容量似乎是無限大的。科學家讓他記一長串的清單，通常是混合了字母和數字。你只要給他三到四秒去「視覺化」（visualize，他自己的說法）每一個項目，他可以完全無誤地把這份清單上的東西重複出來，即使上面有七十個項目，他甚至也可以把清單倒背出來。在一個實驗中，發展心理學家魯利亞（Alexander Luria）給薛瑞雪夫斯基看一個有三十個項目的複雜公式，包含了數字與字母，在他正確無誤地回憶出來後，研究者把這個公式放進一個保險箱裡，**十五年之後**，再把公式拿出來，找到薛瑞雪夫斯基，請他回憶這個公式。他毫不猶疑地當場把公式背出來，沒有任何一個錯誤。

薛瑞雪夫斯基對日常生活中的每一樣東西的記憶是如此清晰、如此詳細、如此周延，以致失去了把這些東西組織成有意義整體的能力。就像生活在一個永久性的暴風雪中，他看每一樣東西都是不相干的感覺碎片，見樹不見林，他看不見整體，所以他無法聚焦到兩件事可能的相關上，無法尋找共通性，也無法發現比較大的重複性的型態。他沒有辦法了解詩，因為詩裡有很多比喻和隱喻。薛瑞雪夫斯基無法忘記，這無法忘記影響了他生活的功能。

遺忘有很多種，薛克特在他的《記憶七罪》（*The Seven Sins of Memory*，中譯本大塊文化出版）中把它分類出來：舌尖現象（tip-of-the-tongue lapses）、漫不經心（absentmindedness），思緒阻擋（blocking habits）、歸因錯誤（misattribution）、偏見（bias）、耳根軟（suggestibility）。這個列表聽起來似乎不太好，但不管是哪一種遺忘，都有一個共同點：它使我們拋下某一訊息而選擇另一喜歡的訊息，透過遺忘，人類征服了地球。

新想法．新點子

在我們一接觸到訊息後，馬上持續思考和討論它（精心複誦），這可以幫助記憶的形成。讓兩次複誦之間有一些時間間隔會比囫圇吞棗好。但是我們不知道要達到最好的效果需要多長的時間，你必須自己去實驗。

我有一些想法，是關於如何在學校和企業界有系統地應用本章所提到的重複的概念。

循環教學法

高中生典型的一天可以分成五個或六個五十分鐘的段落，每個段落包含著不重複和不相干的訊息。下面是我的想法：在未來的學校，課程分成二十五分鐘一節，一直重複。如國語教二十五分鐘；九十分鐘以後，國語課重複二十五分鐘；再九十分鐘以後，第三次重複。**所**

有的課程都像這樣分段重複上。

第三天或第四天，學生要快速複習前面七十二小時或九十六小時所教的東西。學生可以去比較他們的筆記和這次複習時老師所說的，這會加深學生對訊息處理的深度，也會幫助老師把正確訊息帶給學生。因為這樣的重複會減少老師能教的訊息量，所以學期得一直延伸到夏天，沒有暑假，或暑假要縮短了。家庭作業就不需要了，因為學生已經在白天重複過上課內容很多次了。

不過這只是我的想法而已。特意地間隔學習材料的重複在真實世界還沒有很嚴謹地實驗過，所以可能會有很多的問題。你真的需要一天重複三次才能把這個科目學會嗎？是不是所有的科目都需要這樣的重複？不停地重複會干擾其他科目的學習嗎？複習日真的有需要嗎？這些問題目前都沒有答案。

經年累月的練習

我們的教育制度似乎比較關心學生的期末考分數，而不在意他們到底有沒有真正記住所學到的東西。因為系統的固化需要好幾年的時光，或許重要的訊息應該要每一年或半年重複一次。

在我的未來學校裡，九九乘法表、分數和小數會定期重複一遍，在三年級時開始學這些，然後每六個月、每一年重複一次這些基本的數學概念一直到六年級。當數學能力增加以後，複習的內容就可以改為增加孩子對數學的理解，但是這個循環仍然存在。我可以想像這會對所有的學科都有很大的幫助，尤其是外國語文的學習。

在企業界，我會把大學學程延伸到工作職場。你可能聽說過很多大企業對美國大學畢業生的素質都不滿意，他們需要花錢重新訓練考進來的員工，這些新人連有些被認為在大學應該教過的東西都不會。

我會將你的公司改造成學習與領導者的訓練工廠，對新進員工提供能複習每一個與工作相關的重要主題的全方位教育課程，我會去研究重複最理想的時間間隔是多久。這個計畫也許最後會普及到使資深員工也來參加，讓他們有機會認得年輕的一輩。他們會很驚訝地發現他們怎麼忘記了這麼多以前所學過的東西，也會發現他們的經驗對於自己的工作表現有多少幫助。

我很希望告訴你這些都是可行的，但是目前，我能說的只是記憶在學習的那一剎那並不是固定不可變的，而重複可以使記憶穩定不變。

總結
Summary

大腦守則 7

重複才記得，記得才能去重複

★大腦有好幾種記憶系統。陳述性記憶有四個處理階段：登錄、儲存、提取和遺忘。

★訊息進入大腦後，立刻分離成碎片，送到大腦不同的皮質區域。

★登錄時用的功夫越深，記憶的效果越好。

★假如你能複製第一次登錄訊息時的環境，就可以提高回憶的準確率。

★工作記憶是由一些忙碌的工作空間所組成的，讓我們可以暫時保存新獲得的訊息。如果我們不複習這個訊息，它就會消失。

★長期記憶透過海馬迴和皮質之間的對話而形成，這是一種雙向的溝通。當海馬迴中斷和皮質的連接時，記憶就固定在皮質了，但是這要經過很多年的時光。

★我們的大腦給我們真實世界的大略印象，因為它把新的知識和舊的記憶混合在一起，把它當做一個整體來儲存。

★如果要使長期記憶更可靠，你需要將新的資訊慢慢地整合到舊的記憶中，並且間隔一段時間就要重複一次。

第8章 感覺的整合

大腦守則 8

刺激多重感官，反應更迅速

每一次提姆看到字母E的時候，他同時看到紅色。他形容這個顏色的改變就好像突然之間他被迫用紅色鏡片去看世界。當他眼光離開字母E時，世界又回復到正常，直到他看到字母O，然後世界變成藍色。對提姆來說，讀一本書就好像在迪斯可舞廳一樣。有很長一段時間，他以為每個人都是跟他一樣，當他發現只有他是這樣，其他人都**不是**時（至少他認識的人裡面沒有跟他一樣的），他以為自己瘋了。這兩個想法都不正確，提姆的問題是一種大腦的狀況叫感覺綜合症（synesthesia），大約二千個人中有一個人是如此，有人認為更多。

感覺綜合症看起來好像是大腦在感覺輸入處理過程出現短路，它也提供一個強而有力的證據，證明感覺歷程是一起工作的。感覺綜合症有一個最特別的型態（至少有三十六個人屬於這類），他們看到字，卻嘗到味道，但並不是像聽到「巧克力」之後就會想到巧克力糖，然後流口水，而是當在小說中看到「天空」，然後突然嘴裡出現酸檸檬的味道。有一個聰明的實驗發現即使感覺綜合症的病人不記得剛剛看過的是什麼字，他或她還是可以嘗到那個味道，只要提醒他這個字的一些特性就可以引發味覺的出現。雖然大腦的線路弄混了，各個感官仍然是一起共事的。

還有一個例子可以說明大腦喜歡整合感覺訊息。假設你在螢幕上看到一個人在說單音節的ga，你不知道的是實驗者把原來的聲音刪掉，配上了ba的聲音放給你聽。假如你把眼睛閉上，不看螢幕的嘴型，你會聽到清楚的ba音節。但是當你睜開眼睛時，你的大腦會接收到眼睛送上來ga的嘴型，耳朵送上來ba的聲音，大腦不知道如何處理這樣的矛盾訊息，於是它就把這兩個訊號綜合一下，這個時候你就會聽到da了。這稱為麥格克效應（McGurk effect；譯註：這個麥格克效應非常強，甚至在教室上課時都可以現場表演這個現象。找兩個學生，一高一矮，高的站在前面，擋住後面矮的同學的臉，一、二、三，老師的指令一下時，前面高的同學作出ga的發聲嘴型，但是不要發出聲音來，後面的同學發出ba的音節，請班上同學寫下他們所聽到的聲音，你會發現全班都聽到da。）

但你不需要進實驗室，這個現象在電影院也可以看到。銀幕上的演員在說話，你感覺到聲音從他們的嘴裡出來，其實根本不是。你的前後左右都有擴音器，聲音其實是從擴音器中傳出來的，但是因為你的眼睛看到演員的嘴巴在動，你的耳朵同步聽到他說的那個音，這時大腦就把這兩個資訊結合在一起，讓你認為這些對話是來自銀幕上的演員嘴巴。（譯註：這是為什麼很多人不愛看中文配音的外國片，因為中文的嘴型和外文的嘴型常常對不上，話已講完了，演員的嘴還在動，我們會覺得不自在，所以很多人寧可看外文發音、配有中文字幕的外國電影。）

這個感覺整合的歷程對學習非常有正面效果，也是大腦守則8的核心概念：刺激多重感官，反應更迅速。

不斷湧入的影像和聲音

每一分每一秒都有驚人的大量感官訊息向我們湧來。我們來看一個例子：想像你星期五的晚上在紐約的夜店裡，跳舞音樂的節奏很大聲，讓你不舒服，又催眠著你，你感覺到的比你聽到的多。你看到雷射光橫掃全場，身體在扭動；你聞到酒精、汗味及有人偷偷抽菸的味道，全部混和在一起。在角落裡，一個被拋棄的情人在飲泣。這個房間內有這麼多的訊息，你開始覺得頭痛，所以你走出來呼吸一下新鮮的空氣，那個被甩的情人也跟了出來。所有外在的物理輸入及內在的感情輸入以永不休止的方式湧向你的大腦。以跳舞的夜店為例會太極端嗎？但是那裡的訊息不會比你第二天早上在曼哈頓街上經驗到的多。你的大腦感覺到計程車飛馳而過、路邊有人在賣鹹麻花卷的味道、紅綠燈的閃爍燈光、匆忙的行人經過時的碰觸，你的大腦把所有感官訊息整合成一個合理的經驗。

這真是一個奇蹟，而我們在腦科學界的人才剛開始了解你是怎麼辦到的。實在是不可思議，你的大腦讓你看到、聽到、聞到、嘗到、摸到外面的東西，就像在夜店裡那樣充滿活力；然而你的大腦裡面是黑漆漆的一片，無聲，像個洞穴一樣。希臘人認為大腦並沒有做什麼事，它只是像一堆黏土杵在那兒。的確，整個大腦所發出的電流還不足以讓你的手指感到刺痛。亞里斯多德（Aristotle）認為心是一切的總管，是所有行動的中心，一天二十四小時送出鮮紅的血液來。他認為心是「生命之火」的所在地，這把火產生足夠的熱讓大腦做一件事：冷卻（他認為肺也是冷卻的一環）。或許是參考亞里斯多德的說法，我們還是用心來描述很多心智生活的層面。現在我們已經知道大腦主要的工作之一，就是處理所有我們感官收集到的訊息，好讓我們能夠知覺這個世界。

我們如何知覺某件事

在美國獨立戰爭期間，英軍因為習慣了歐洲傳統戰爭的方式，有許多的中央指揮計劃，他們的做法是第一線作戰的士官長將訊息送到野戰指揮的長官手上，長官研究之後，再把命令傳回第一線去。美軍因為從來沒有打過仗，沒有傳統可循，他們就用游擊隊的方式，當場分析，然後決定怎麼做，而不事先徵詢中央長官的意見。這兩種截然不同的作戰方式，正好可以用來說明科學家所提出兩個主要感官整合的理論。現在，想像在田野中聽到一聲槍響。

英國的各個部隊士官長把他們所接受到的訊息往上報。在指揮部，大腦把各個感官送上來的訊息整合一下，眼睛看到槍尖冒著煙，耳朵聽到槍聲，鼻子聞到火藥的味道，這些感官各自完成它們的事件報告，然後把資料送到指揮部。這些訊息到了指揮部，大腦把它綜合成合理的解釋：開戰了。大腦再讓這個士兵知道發生了什麼事。

美國士兵打仗就不一樣了。感官在一開始就很合作，互相商量、互相影響。當耳朵和眼睛一前一後接受到槍聲和槍煙時，立刻互相討論，這兩個感官並沒有向高層請示。它們知覺到這兩件事是同步發生的，因此這個人大腦中浮現出一幅來福槍在田野中發射了的圖片。知覺並不是發生在感覺整合開始的地方，而是在整合到達頂點的地方。

那麼，哪一個模式才是對的呢？數據比較偏向第二個模式。有人認為感官事實上是以密切配合的方式相互幫忙的。接下來我們花點時間來討論這件事。

感覺、安排途徑和知覺

不管哪一個模式最後贏得勝利，它們的運作歷程和順序都是一樣的，包含三個步驟：感覺、安排途徑、知覺。在感覺這個步驟中我們捕捉到環境中的能量，這些能量擠進我們的眼耳鼻口、摩擦我們的皮膚，這個層次是把外在的訊息轉換成大腦可以理解的電的語言。一旦感覺訊息成功地翻譯成電的語言後，它就被送到大腦的適當區域去做更深層的處理。就像我們在〈大腦迴路〉一章討論過的，視覺、聽覺、觸覺、味覺和嗅覺的訊號都會在特定區域處理。大腦中有個地方叫視丘，是個卵型的結構，在你第二個大腦的中間，它跟大腦所有的地方都有密切的連接，它坐在那裡總指揮，確定每一種訊號都被送到應該去的地方。

這些訊息被切成了感官可以接受的碎片，分散到大腦的各地方去後，需要再被組合起來。訊息從視丘送出去之後在大腦各處的特定功能區域彙合，這些區域不是感覺區域，也不是運動區域，而是這兩者的橋樑，所以它們叫「聯結皮質」(association cortices, cortices 是 cortex〔皮質〕的複數)。當感官訊號往上送到更高層次的神經處理歷程時，這些歷程就啟動了。

聯結皮質有兩種處理方式：由下而上、由上而下。讓我們引用小說家毛姆（W. Somerset Maugham）的一段話，看看聯結皮質在你念這句話時是怎麼運作的。

基層寫報告

毛姆曾經說過：「寫小說只有三個規則，不幸的是，沒有人知道那是什麼。」

在你的眼睛看到這個句子，視丘把這個句子的各個面向送到大腦適當的區域後，「由下而上」的歷程開始工作了。你的視覺系統是個典型的由下而上的處理器，它有很多「特質偵測器」(feature detectors)。這些偵測器就好像會計師事務所的查帳人員，檢查句子的視覺刺激。這名查帳人員去檢查剛剛毛姆所說的那個句子的每一個字的每一個筆畫結構。他們寫了一份報告：三條橫線就是「三」，一撇一捺就是「人」，直線和曲線加在一起就變成「規則」這個詞。這份報告要花很多時間和精力才能完成，這是為什麼閱讀的訊息傳入腦中的速度比其他訊息慢。

高層分析報告

緊接著就是「由上而下」的歷程了。這就好像董事會在讀查帳者的報告，然後做出裁決。董事們利用現有的知識來分析這份報告，你大腦裡的董事以前聽過「三」這個字也明白它是什麼意思，而你還是學步的小嬰兒時就知道「規則」的概念，有的董事甚至聽過毛姆這個人，他們想到你在電影史這門課中看過的《人性枷鎖》（*Of Human Bondage*）這部電影。訊息陸續加到資料庫中，或從資料庫中拿走。就像我們之前提到的麥格克效應，在多數情況下大腦自己會編造一些東西。

在這個時候，大腦就很大方地讓你知道你看到一些東西了。

因為每個人都有他獨特的先前經驗和預備知識，所以每個人的由上而下分析就很不一樣。因此兩個人看到同樣的輸入，最後得出的知覺卻很不相同。這是一個讓人深思的事，大腦並不保證會正確地知覺到外面的世界。

嗅覺是例外

每個感覺系統都要送訊號到視丘，得到允許後，再跟知覺產生的高層次組織連接，但是只有嗅覺例外。它就像車隊中的國家元首一樣，嗅覺訊號直接傳到大腦各處，不經過視丘。

兩眼之間有一組神經元大約一張郵票的大小，這組神經元叫嗅覺區（olfactory region）。

這個區域表層最靠近鼻子接觸空氣的部分叫做嗅覺上皮層（olfactory epithelium）。當我們吸氣時，味道的分子就穿過一層黏膜，進入鼻腔，與那裡的神經元結合。味道分子和像羽毛管一樣的蛋白質受體接觸，這些受體遍布在嗅覺上皮層的神經上。神經元開始很興奮地發射，你就開始聞到味道了，後面的旅程發生在大腦。

嗅覺訊號其中一個去處是杏仁核，它不但監控情緒經驗的形成，同時也負責情緒經驗的**記憶**。因為嗅覺直接刺激杏仁核，所以嗅覺直接刺激情緒。嗅覺訊號也會直接到大腦中與決策有重要關係的地方，嗅覺好像在說：「我的訊息是這麼地重要，我要給你一個難忘的情緒，你怎麼辦？」

嗅覺訊號好像很匆忙地穿小路走捷徑，它匆忙到嗅覺受體細胞外面一層保護它的屏障都沒有。其他感覺系統的受體都不是這樣，視網膜上的視覺受體神經元有眼角膜保護，耳朵的聽覺受體神經元有耳膜保護，唯一保護嗅覺受體神經元的只有鼻屎。

結合兩個感官刺激能增加表現

我們已經討論過大腦會努力整合所有的感覺訊息，我們也提到大腦中負責知覺的大腦區域（我們還沒有討論到底大腦**如何**整合感覺訊息，因為沒有人知道它是怎麼辦到的）。現在讓我們來看看同時刺激多重感官會如何增加感覺的能力。

在一個實驗中，研究者給受試者看一個人說話的影片，但是把聲音完全關掉，研究者同時利用功能性核磁共振觀察大腦的工作情形。他們發現處理聲音的聽覺皮質完全活化起來，好像他們真的有聽到聲音一樣。假如給受試者看一個人在扮鬼臉，那麼他的聽覺皮質區是沒有活化的。這個視覺輸入必須是跟**聲音**有關，視覺的輸入才會影響聽覺的輸入。

在另外一個實驗中，實驗者用一支帶有觸覺刺激器的手電筒在受試者的手邊照一下，有時實驗者把觸覺刺激器打開，使光和觸覺一起出現，有時把觸覺刺激器關掉，只有光出現。實驗者發現當觸覺和視覺配對一起出現時，視覺皮質的活化最強烈，他們可以用觸覺的方式使視覺皮質的活化增強百分之三十。這個效應叫做多重管道增強（multimodal reinforcement）。

多重感官感受也會影響我們偵察刺激的出現。大部分的人在閃爍的燈光強度逐漸減弱的時候，就會慢慢看不到這道光了。研究者想要知道閃光的閾值，他們把光和聲音放在一起，當閃光熄滅的時候就出現一個很短的聲音。結果聲音的出現改變了光的閾值，受試者只要把聲音跟光配對在一起，他們可以看見比以前更微弱的燈光。

為何大腦有這麼強有力的綜合本能？答案其實很明顯：這個世界從很久以前開始就一直是個多重感官的世界。我們的東非祖先在發展的過程中不是一次處理一個感覺訊息，我們的環境也不是先**只有**視覺刺激，像默片那樣，過了幾百萬年又突然配上音軌，然後才加上嗅覺和觸覺。當我們的祖先從樹上下來時，他們已經接觸過多重刺激的外在世界，也準備好去經驗這個世界。所以當我們處在一個有多種感官刺激的環境時，我們的肌肉反應得比較快，我們的眼睛對於刺激的反應比較快，我們偵查刺激的閾值變得比較低。

多重感官環境能提升學習力

既然大腦是在多重感官刺激的環境中發展出來的，你可能會假設它的學習能力一定也隨著環境的感官刺激增加，學習得越好。當然你也可以進一步做出對立的假設：學習在單一感官刺激的環境中比較差。這正是你會發現的。

認知心理學家梅爾（Richard Mayer）做了很多有關多媒體跟學習關係的研究，他的臉上掛著千萬瓦特的笑容，頭型很像一顆蛋（不過是一顆很聰明的蛋）。他的實驗是把受試者分成三組，第一組用聽的接受訊息，第二組用看的接受同樣的訊息，第三組同時用聽和看去接受同樣的訊息。

在多重感官環境中學習的效果比單聽或單看組的好，他們回憶得比較正確、比較詳細，也維持更久，而且在**二十年**以後，他們的表現還是比單一感官組的好。解決問題的能力也會增加，在另一個研究中，多重感官組在問題解決的測驗上比單一組的想到多出百分之五十的創意性解決問題方式。甚至有一個實驗顯示，效果增加到百分之七十五。

許多研究者認為，多重感官經驗之所以有幫助，是因為這樣的經驗就是精緻化的處理。你還記得一個有點違反直覺的概念嗎？在學習時給予越多的訊息會使學習的效果越好。就好像說，如果你揹兩個背包爬山，會比揹一個背包更快到達終點，我們的大腦顯然喜歡重量訓練。這就是我們在〈記憶〉一章提到的精緻化處理。學術性的說法就是：對訊息做額外的認知處理能幫助學習者把新材料整合到舊資訊中。

還有另一個感覺綜合症的例子也支持了這項理論。你還記得薛瑞雪夫斯基嗎？他在十五年後仍記得當年只看過一次的複雜公式。薛瑞雪夫斯基有多重類別的能力（或可說是缺陷），他感覺到有些顏色是溫熱的或是冷冰冰的，他同時還認為數字1是個非常驕傲體格健壯的男人，數字6是個腳腫起來的男人，有些影像甚至可說到了接近幻覺的地步。他說：「有一次我去買冰淇淋，我走向小販，問她有哪些冰淇淋，她說：『水果冰淇淋。』但是她回答的聲調很奇怪，像一堆黑煤炭從她嘴裡跑出來，在她那樣子回答我以後，我沒有辦法再向她買冰淇淋。」

像薛瑞雪夫斯基這種感覺綜合症的人對「這額外的訊息對你有什麼好處？」這個問題的反應幾乎都一樣，他們會馬上真誠地說：「它可以幫助記憶。」大部分的感覺綜合症者說他們奇特的經驗帶有非常快樂的感覺，這可能跟多巴胺有關係，多巴胺可以幫助記憶的形成。的確，感覺綜合症的人通常有像照相機一樣的記憶力。

光靠嗅覺就能促進記憶

有一個人因為鼻子的緣故，從醫學院休學。要了解這個故事，你必須先知道嗅覺跟外科手術的關係。外科手術常有很濃的血腥味，因為你開刀時一定會切到血管，為了避免血液干擾手術，外科醫生會用一種很燙的工具把血管口燒住，使血液不再流出來。因此開刀房常會有肉體燒焦的味道。在戰場上也常聞到這個味道。這名醫學院學生是越戰的退伍軍人，有很多戰場的經驗。當他解甲歸田時，似乎沒有什麼不對勁的地方，他進入醫學院就讀，後來到醫院實習，輪調到了外科手術房。當他走進外科手術房時，聞到了人肉燒焦的味道，這個味道立刻使他回想起在戰場上，他必須面對面殺敵人，子彈在那人的臉上開花，這個記憶他壓抑了很多年，電灼止血傳來的肉體燒焦味，立即陷入他從軍時曾近距離轟掉敵軍臉部的記憶，那是他多年來都刻意避免回想的經驗，這回憶深深籠罩著他，第二週他就休學了。

這個故事帶出了科學家早就知道的一件事，嗅覺可以喚醒記憶。這叫「普魯斯特效應」（Proust effect）。法國作家普魯斯特（Marcel Proust）寫了《追憶似水年華》（*Remembrance of*

Things Past），在一個世紀以前就談到嗅覺如何引發早忘記的一些記憶。為什麼呢？別忘了，嗅覺神經元可是有直達杏仁核的ＶＩＰ通行證。

嗅覺具有獨特的優勢，不需要和其他感官搭配，就可以直接增強學習的能力。因為嗅覺是一個古老的感官，它沒有完全和大腦其他感官迴路系統整合在一起，反而是和大腦的情緒學習中心緊密連結。有一個嗅覺對記憶影響程度的典型實驗，讓兩組學生都去看同一部電影，看完後回到實驗室做記憶的測驗。對照組進入一個普通的房間，實驗組進入一個充滿爆米花味道的房間。結果第二組學生在回憶出的事件數量、事件正確性，及特定細節等等都比第一組好很多，有些研究發現聞到爆米花的學生比沒有聞到任何味道的學生回憶多了一倍。

但是嗅覺只有對某些類型的記憶有幫助。當受試者被要求去回憶一個情緒事件時，嗅覺就非常有幫助，就如前面那位醫學院的學生，或是回憶自己童年發生過的事。如果味道跟要回憶的事件是相容的話，效果最好，有一個實驗室用汽油取代爆米花，結果效果就沒有給受試者聞爆米花那麼好。

氣味對提取陳述性記憶就沒有那麼有用，嗅覺只有在兩種情形下能幫助陳述性記憶的提取。一種是在實驗前情緒已經被激發的情況下，通常這是指壓力。不知為何，給受試者看澳洲年輕男性原住民行割禮的影片是在實驗室中引起情緒激發的常用方式。另一種是在你睡覺的時候，研究者用一組我跟我兒子常玩的有趣紙牌遊戲來做實驗，那是在一間博物館買的二十六對動物牌組，我們會把紙牌面朝下攤開在桌上，每次選兩張牌來翻，若是成對就放到一邊。這是陳述式記憶的一種測驗，最後統計翻出最多配對牌的人就是贏家。在這實驗中，對照組跟平常一樣地玩牌，但是實驗組在充滿玫瑰香味的房間內玩。然後每個人都上床去睡覺，對照組的睡眠環境不受干擾，而實驗組的房間則在他們熟睡後放置跟白天一模一樣的玫瑰香味。在第二天醒來後，測量每個受試者記不記得前一天配對牌的位置，沒有香味的一組，正確率是百分之八十六，但是再次聞到玫瑰香味的那組，正確率是百分之九十七。腦造影顯示海馬迴也有直接參與，很可能是嗅覺強化了本來在睡眠時才發生的記憶處理。

把嗅覺暫時放在一旁，無疑地，多重線索在透過不同感覺系統的傳遞，是可以加強學習的。它們加快反應、提高正確率，增進刺激的偵測，在學習的那一剎那，增強登錄。

新想法．新點子

多媒體呈現

在過去幾十年，梅爾分離出多媒體呈現方式的規則。連結我們所知的工作記憶跟他自己實證的經驗，可以得出以下五個重點。就像他在他的著作《多媒體學習》（*Multimedia Learning*）中所摘要的，這五個重點對任何講師都很實用，不管是用在教學上或是在商業簡報上。

1. **多媒體原則**：學生在同時呈現字和圖時學習效果比只有字時好。
2. **時間相近原則**：學生在相關的字和圖一起出現時，學得比它們先後出現時好。
3. **空間相近原則**：學生在相呼應的字和圖位置接近時，學得比相離很遠時好。
4. **一致性原則**：當不相干的教材被排除時，學生學得比把它放進來時好。
5. **多管道原則**：學生在動畫加旁白時，學得比動畫加字幕時好。

感官名牌

作家魏爾斯特（Judith Viorst）曾經說過：「堅強是能夠把一塊巧克力分成四塊……而只吃其中一塊的能力。」無疑地，嗅覺可以刺激動機，但它也可以刺激商機嗎？

有一家公司讓販賣巧克力的機器不停地飄出巧克力香味，結果這部巧克力販賣機的銷售量增加了百分之六十。這家公司同時也在一家顧客不容易找到的冰淇淋店（藏身大旅館之中）附近裝了一部一直飄送冰淇淋甜筒脆餅香味的機器，結果銷售量增加了百分之五十，使得發明這個技術的人把它叫做「香味廣告看板」（aroma billboard）。

歡迎你進入感官品牌，現在工業界終於開始注意到人的感覺反應了，而嗅覺正是這些感覺反應的核心。例如：星巴克不准店員在上班時搽香水，因為這會干擾咖啡的香味，而他們要利用咖啡濃郁的香味去吸引顧客上門。

這樣做的原因是來自華盛頓州立大學商學院院長史班根伯（Eric Spangenberg）博士的研究。他從先前的工作學到，男人對摩洛哥玫瑰花味（強烈花香味）有正向情緒反應，而女人則是香草味。如果他在男裝區與女裝區分別噴灑摩洛哥玫瑰香味與香草香味，會發生什麼事呢？史班根伯壓對寶了，整間百貨公司的生意翻了一倍。那如果反過來噴灑呢？他還是正中紅心，銷售量降到比平常更低。史班根伯在接受美國著名商業雜誌《快公司》（*Fast Company*）採訪時表示：「你不能只是使用好聞的香味然後就期望它發揮作用，它必須配合對象才會有效。」

氣味也可以用來區分品牌。當你矇眼進入任何一家速食餐廳，你很快就會知道自己身處哪裡。有一篇新聞報導建議，當你要為自己的品牌選擇氣味時，必須考慮你的潛在顧客的期望和需求。例如：在看房子時，剛出爐的麵包或餅乾香味能讓打算買房子的人想起家的舒適和溫暖。這篇報導也提醒，味道要跟販賣物品的「個性」整合在一起。例如：森林中草木清新的味道跟海邊鹹鹹的鹽味可能會激起旅行、冒險的心情，所以這種味道對休旅車的可能買主來說，就比香草適合。

研究顯示，相對不複雜的氣味（添加、混合的成分較少），比較能引起購買動機。簡單的氣味比起複雜的氣味能提升百分之二十的銷售量，或者乾脆不要有任何味道。

職場的氣味（不是冰箱的味道）

我偶爾會對工程師開分子生物學的課，有一次我在課堂上做了一個普魯斯特效應的實驗（這只是一個不正式的小調查，沒有什麼嚴謹的設計）：針對其中一組每次我教到RNA聚合酶II時，我就在教室的牆上噴一些香水，但是在另外一棟樓替另外一組工程師上同樣的課時，我沒有噴香水。然後考試時，我在兩間教室都噴了香水，結果發現在噴香水的情況下學習這個酶的人在考試時，考得比學習時沒有香水味的人好，有時候好得很多。因此這給了我一個想法。很多企業都需要教他們的顧客產品相關課程，從怎麼安裝軟體到怎麼修理引擎，因為經費的關係，這些課常常壓縮得很緊，一次給很多的材料，結果百分之九十在**一天**以後就忘記了（對大多數陳述性記憶的主題來說，記憶在教完的頭幾個小時就開始衰退）。但是假如為每一堂課配上一種氣味的話，說不定他們的記憶會好一點，就像我前面做的那個香水實驗。

老師可以把這個方法試用在整間教室，或者你可以照你自己的方法，像是睡前在枕頭邊噴跟白天上課時一樣的香水，整個晚上你會不由自主地連結白天上課的經驗，在香味伴隨下完成密集的訊息轉化過程。在公司裡，當你需要應用你以前學到的知識時，你可以在複習你的筆記時一邊聞當初學習時相關的氣味，看看這樣能不能改善你的工作表現，甚至減低發生錯誤的機率。

這是情境依賴的學習（記得〈記憶〉那一章中穿潛水衣的學習嗎？）還是真正多重感官刺激的學習環境？不管是哪種，這已經開始超越過去只有視覺和聽覺訊息加成的範圍了，讓我們開始思考學習環境的重要性。

4 總結 Summary

大腦守則 8

刺激多重感官，反應更迅速

★我們從感覺器官收取外界訊息，把它轉換成訊號，把這些訊號送到大腦的各個部位，重新建構剛剛發生的事，最後把它兜起來成為一個整體。

★大腦依賴一些過去的經驗來決定如何組織這些訊號，所以兩個人看同一件事會看到非常不同的東西。

★我們的感覺器官是一起演化出來的，視覺會影響聽覺，聽覺也會影響視覺，所以假如我們同時刺激好幾個感官，我們的學習會比較好。

★嗅覺有特強的喚醒記憶能力，因為嗅覺的訊號不經過視丘，直接傳到掌管情緒的杏仁核。

第9章｜視覺

大腦守則 9

視覺凌駕所有感官

我們不是用眼睛看東西，我們是用大腦看。

這證據來自五十四位品酒人。對外行人來說，品酒的專業術語聽起來像心理學家在描述病人（「苦澀的複雜度」、「有一點點輕微的害羞成分」這是我在一個誤邀我去參加的品酒會上聽到的，為了不要被人發現我笑到捧腹，我匆忙地開門離去）。品酒者對他們所用的術語是非常嚴肅的，白酒有白酒專門的術語，紅酒有紅酒專門的術語，從來不亂用的。

因為我們每一個人感受的感覺不同，我非常好奇，品酒者可以有多客觀。顯然歐洲也有一群腦科學家在想同樣的事，他們是品酒發源地波爾多大學（University of Bordeaux）的科學家，他們問：「假如我們把無嗅、無味的紅色染料滴在白酒中，然後給這五十四位品酒專家喝，會怎麼樣？」假如只有在視覺上動了手腳，顏色會騙得過他們的鼻子嗎？答案是會。當這些專家端起染色的白酒時，他們的術語馬上轉為紅酒術語。視覺的輸入凌駕所有的感官。那時候，科學界的人開心極了，他們以「味道的顏色」、「鼻子聞的是眼睛所看到的顏色」等作為論文的標題。這差不多是具威信的腦科學期刊所能忍受的惡搞程度，而你大概可以想見研究者眼睛露出的淘氣眼神。像這樣的研究指出了「大腦守則9：視覺凌駕所有感官」最基本也最重要的核心。視覺不只幫助我們看外面的世界，它根本就主控著我們對外面世界的看法。

視覺系統不是照相機

很多人都以為大腦的視覺系統像部照相機，只是忠誠地蒐集和處理外界的訊息。這些步驟看起來輕而易舉，百分之百的可靠，能夠提供完全正確的外界訊息。我們過去都是這樣想，但是最後一句話沒有一個字是真的。這個歷程非常地複雜，很少提供完全正確的外界訊息，而且不是百分之百可靠。我們所經驗的視覺環境其實是大腦認為外面應該是什麼的分析**意見**。

視覺訊息的處理從視網膜開始，它有點像業餘製片者。我們過去都以為視網膜像自動化歷程裡的被動天線：首先光子進入我們的眼睛，經過角膜折射，角膜是個充滿液體的結構，隱形眼鏡就是戴在它上頭；然後這些光子就穿過你的眼睛，到達水晶體，在那裡聚焦以達到視網膜，那是你眼睛後面的一組神經元；這些聚集在細胞裡的光線產生電子訊號，經由視神經傳到大腦後方進行分析。

但是事實上，視網膜不只是送出一系列原始的電子訊號，視網膜上有特別的神經細胞解釋那些光子，把這些型態組合成像「電影」一樣的訊息，**然後**將這些影片傳送到大腦分析。這些影片就叫做軌跡（tracks），視網膜就像是擠滿了迷你版馬丁・史柯西斯（Martin Scorseses，編按：美國知名電影導演）的製作團隊們。

這些軌跡已經有點條理雖然還不完整，是外面視覺世界特定特質的組合。有一個軌跡是架構，它只有輪廓或邊線；另外一個軌跡是追蹤動作，只處理物體的運動，而且通常是特定方向的運動；還有一個軌跡是陰影。在視網膜上，同時有十二道這種軌跡在運作，送出視野中特定特質的解釋。這種新看法有點出乎意料之外，有點像你在電視上看到的電影其實是有十二個業餘製片者，躲在電視電纜中，努力工作的結果。

視覺訊息河流

這些電影現在從兩邊眼睛視神經流出，流到視丘，這個在你大腦中間的卵型組織，它是所有感覺（除了嗅覺以外）的中央分配室。假如把這些視覺訊息的匯流看成一條大河，視丘就是一個三角洲的起點。一旦訊息離開了視丘，又分成更多的細小河流。最後，有幾千條小的神經溪把一部分的原始訊息送到大腦的後面。這些訊息進入枕葉中一個複雜的大區域，叫做視覺皮質。（把你的手放在頭後面，你的手掌距離視覺皮質還不到一公分。視覺皮質就是大腦中讓你現在能看到這些字的區域。）

到達視覺皮質後，不同的小河流進入它不同的區域。它有幾千個區塊，每一個都有特別的功能。有些區塊只對斜線起反應（有一個區塊對傾斜四十度的線起反應，但是對四十五度的就不起反應），有些只對顏色訊息起反應，有些只對角度，更有些只對動作。

這意味著假如你處理動作的大腦區塊受傷了就會造成非常嚴重的缺損。你可以清楚看到和辨識物體，但沒有辦法知道它是靜止或是在移動。在科學界很知名的案例L.M.，就是罹患「大腦運動覺失認症」（cerebral akinetopsia）或稱為「動作盲」（motion blindness）的症狀。對L.M.來說，一個移動的物體就像是一序列靜態的物體相片。這其實非常危險，當L.M.穿越馬路時，她可以看到車子，但看不出車子是朝她開過來。

L.M.的經驗顯示出視覺處理歷程是個模組。假如歷程到這裡就終止的話，我們的視覺世界會是一個沒有組織，像畢卡索的抽象畫一樣奇怪的世界了（充滿破碎的物體、紛亂的顏色，和奇怪、沒有界線的邊緣）。但是我們的世界並不是如此，因為還有下一步的處理。大腦會組織零碎的訊息，每一個片段開始跟其他的相接，把各自的訊息綜合起來，經過比較，送往高層次的大腦中心。接到這種不成形片段的大腦中心經過計算，把它們組織成比較像樣的形狀，它們一層層往上送，最後形成兩股主要的處理過的訊息：有一條叫做腹流（ventral stream），專門辨認這個物體是什麼，它的顏色又是什麼；另一條是背流（dorsal stream），專門辨認物體在外界的地點或它是否在動。

「聯結皮質」的功能就是把這些訊號連結起來，當把這些各自為政的電訊號連結在一起時，你就看到東西了。所以視覺的處理歷程不是像照相機拍照那麼簡單，它的歷程比我們任何人想的都還要複雜。目前科學界對為什麼要先打散、再組合起來的策略，還沒有共識。

雖然這些已經夠複雜了，但事情還繼續複雜下去。

此時此刻，你正在產生幻覺

假如我告訴你，你現在正產生幻覺，你可能認為是我多喝了兩杯，但是這是真的。就在你讀這個句子的一剎那，你的眼睛看到了本頁一些不存在的東西，這就表示你在產生幻覺。我下面就要告訴你大腦有多喜歡騙你，你的眼見並不為真。

盲點

你的眼睛有一個地方，在這裡視網膜運送視覺訊息的神經元集合在一起，開始它們往後腦的行程，這個集合點就是視碟（optic disk）。這是一個很奇怪的地方，因為上面沒有感受體，是看不見的，它就是盲點，你的兩隻眼睛都各有一個。你有沒有在視野中，看到兩個圓形的黑點？你應該有，但是實際上沒有。因為大腦在捉弄你，當訊息送到視覺皮質時，大腦察覺到有兩個黑洞，於是它檢視那個洞旁邊三百六十度的訊息，計算出那個洞最可能是什麼東西，然後就替你填補上去了。這個歷程叫「填空」（filling in），但是它應該被稱為「造假」（faking it）。有人認為大腦是忽略那個洞，不去理它，而不是去計算它。無論如何，你接受到的不是百分之百正確的表徵。

晚上，或者白天作夢

你不應該驚訝大腦有它自己的想像系統。證據就像你最近做的夢那樣地靠近（那就是你的幻覺），事實上，視覺系統比較像是一個我行我素的人。幾百萬人患有「邦奈特症候群」（Charles Bonnet Syndrome），但是有此病的人都絕口不談它，他們可能有很好的理由不去說它，因為他們會看到不存在的東西。

這種病人有些是會有日常家用品突然跳進眼簾，另一些則是不熟悉的人突然坐在他的旁邊共進晚餐。神經學家拉瑪錢德朗（Vilayanur Ramachandran）描述一個病例，有名婦人突然看到兩個警察在地板上巡邏，把一個更小的犯人關進火柴盒般大小的廂型車。其他的病人報告看到天使、穿著大衣的羊、小丑、羅馬戰車以及小精靈，這在老人身上常發生，尤其以前在視覺迴路上受過傷的老人。很有趣的是，幾乎所有看到這些幻覺的病人都知道它們不是真的。

左右眼睛裡各有一隻駱駝

除了填空和產生奇異的夢，大腦還有另一個方法參與我們的視覺經驗。我們有兩隻眼睛，每一隻都能看到完整的影像，但大腦卻只創造出一個視知覺。自古以來，人們就想不透，假如你在左眼看到一隻駱駝，右眼也看到一隻駱駝，不是應該看到兩隻駱駝嗎？

下面這個實驗清楚解釋了這個問題：

1. 將你的左手食指指向天空，再觸碰你的鼻子，然後把你的左手臂伸長。
2. 將你的右手食指指向天空，再觸碰你的鼻子，然後把右食指放在離你臉十五公分的前方。
3. 兩根食指現在應該在你鼻子前的同一條直線上。
4. 現在，左右兩隻眼睛快速地輪流眨眼，重複這樣很多次，你的右手食指會跳到你的左手食指的另一邊，然後又跳回來。當你睜開兩眼時，這個跳動會停止。

這個小實驗讓你看到兩隻眼睛視網膜上的影像永遠是不同的，也讓你看到兩隻眼睛一起工作才能給大腦足夠的訊息，讓它產生一個穩定的圖像。一隻駱駝、兩根穩定不跳動的指頭，大腦是怎麼辦到的？因為大腦把兩隻眼睛送上來的訊息交織起來，更複雜的是，兩隻眼睛送給大腦的是各自的視覺視野訊息，而且還是上下顛倒的。大腦做了千億個計算，然後給你它最好的猜測。這的確是一個猜測，大腦並不是真的知道東西在那裡，它是假設目前這個事件應該像什麼的機率，然後很有信心地往前一跳，越過不知道的部分，平安到達彼岸。這就是我們日常生活每天所看到的影像了。所以你經驗到的並不是影像，它是信心的一躍。

大腦這樣做是因為它被迫去解決問題：真實世界是三度空間的，但是我們的視網膜卻是二度空間的，假如要正確地描述外界，它必須處理這個差異。要解決全部的問題，答案還得有意義，大腦就被迫去猜了。那麼，它根據什麼猜測呢？答案是先前的經驗（有些經驗是天生的），大腦提供它的看法給你細讀。現在你只看到一隻駱駝在房間裡，而事實上也只有一隻駱駝在房間裡，而且你正確地看到牠的深度、形狀和大小，甚至牠會不會咬你的暗示。

大腦跟照相機完全不同的是大腦主動把眼睛送來給它的訊息拆散，推過層層的過濾器，然後建構成它認為應該是的東西，或是它認為你應該看到的東西。這一切發生的時間大約是你眨一下眼睛的時間，的確，它正在此時、此刻、此地發生著。如果你認為大腦必須花很多珍貴的思考資源在視覺上，你是對的，視覺處理歷程花了你所做的事情的一半資源。事實上，這也解釋了為什麼那些品酒師都會這麼快地因為視覺刺激的關係，拋棄了他們的味蕾，以及為什麼視覺會影響其他感官。

視覺不只贏過嗅覺與味覺，也贏過觸覺

有的時候，手已經截肢的人會覺得他的手還在，有些案例感到手僵住在一個姿勢，有時甚至還會覺得痛。幻肢的研究證明視覺如何凌駕在其他感覺之上。

在一個實驗中，實驗者讓一個左手被截肢的人坐在桌子前面，桌上放著一個無蓋的、中

間被隔成兩半的盒子。盒子前面有兩個圓洞，讓手臂可以伸進去。中間隔板是面鏡子，截肢者可以從上面看到他好的那隻手在盒子中移動。當他看著鏡子，動他的右手時，他會感覺到是已截肢的左手在動，當他停止動右手時，他看到鏡中左手也停止了。這個視覺訊息讓他的大腦誤以為左手是可以動的，就減輕了幻肢的痛。

一圖勝千字

有一個方法是從學習來測量視覺的統馭性。研究者用兩種回憶方式，一是「再認」（recognition），這是根據熟悉度的概念，我們通常在看家族的舊照片時會使用再認記憶。好像看一張老照片，你看到老姑婆，已經想不起來她的名字了，但你仍知道她是你的親戚。很多時候，你已記不得細節，但是一看到，立刻記得曾經看過。

第二種回憶方式跟工作記憶有關，就是我們在前面〈記憶〉一章中所說到的那個工作記憶，它是暫時儲存的地方，有著有限的空間和很短的壽命。視覺的短期記憶就是那個儲藏空間中專門用來儲存視覺訊息的地方。大部分的人可以在那裡一次保留四件東西左右的記憶，所以是個很小的空間，而且好像越變越小了。隨著生活中物體的複雜度增加，我們能記得的物體數量會更少。這個證據也顯示物體的數量和複雜度是由大腦中不同的系統在處理，使我們對短期記憶容量的看法改觀。這個上限更使我們明顯看到視覺是個最有力的學習工具。

就再認記憶與工作記憶而言，大腦對圖片和文字有不同的處理規則。簡單地說，一個輸入越視覺化，以後的再認和回憶會更好。這稱為「圖片優勢效應」(pictorial superiority effect）。研究者知道這件事已經超過一百年了。（這也是為什麼我們要在大腦守則的網站www.brainrules.net 放一系列的影片和動畫，讓這本書變成多媒體的一部分。）

圖片優勢真是沒話說。多年前的實驗就已顯示人可以記得兩千五百張圖片，而且每張圖片只要看十秒，好幾天以後仍然記得百分之九十（這是再認記憶的作用，不是工作記憶），一年以後還記得百分之六十三。有一個研究顯示幾十年以後都還記得以前看過的圖片。如果比較圖片、文字及口語呈現在記憶上的效果，那麼圖片會把後兩者打得慘敗。假如是口語訊息，在七十二小時後只記得百分之十；假如加上張圖片，記憶就可以回升到百分之六十五。

為什麼文字的效果比圖片差?因為大腦把文字看成很多的小圖片，除非大腦可以分別辨認單字裡面每個字母的特徵，不然是讀不出字來的（編按：此處的「單字」和「字母」是指英文中的「word」和「letter」）。換句話說，就像我們去到美術館，看到牆上掛著的藝術品裡面有幾百個特質隱藏在幾百個字母裡，我們會在畫的前面流連，辨識每一個特質，然後才會移動到下一幅畫去。所以閱讀在理解上是會有瓶頸的。令人驚訝的是，對我們大腦皮質來說，根本沒有什麼東西叫文字。

那做起來並不一定簡單，畢竟大腦就像傻瓜黏土般容易塑型。你以為讀了這麼多年書，又每天寫電子郵件、送簡訊，你的視覺系統應該已經被訓練成不需要再經過「字母—特質辨認」(letter-feature recognition）這個歷程，可以直接認字。但是其實還是要經過這一階段，不管在閱讀上多麼有經驗，你的大腦還是會在你讀的每個字母的特徵上停留和思考，直到讀不了為止。（譯註：常用的字或許可以跳過音的辨認，但是字母—特質辨認省略不得。）

現在你大概可以猜到為什麼大腦會這樣做。我們祖先在演化的歷史中並沒有很多的書籍、電子郵件或簡訊，他們每天看到的是樹林及劍齒虎。視覺會凌駕其他感官很可能就是在非洲大草原上，大部分威脅我們生命的東西是用視覺可以偵察得到的。只要跟食物來源有關、跟生殖機會有關的知覺能力，在演化上就會佔比較重要的位置。

這個視覺化的傾向無所不在，甚至在閱讀文字時，大多數人也會把文字描述的東西視覺化。蕭伯納（George Bernard Shaw）很喜歡說：「字只是郵票而已，它把包裹送到你家，使你可以打開，一窺究竟。」現在，有很多的大腦科學可以證明他的話。

視覺從出生的第一天就主宰一切

嬰兒生來就有一些專門處理視覺歷程的軟體不必別人教就會的。我們可以從嬰兒的眼睛看哪裡來推測他們在注意什麼，不可低估這個凝視的重要性。

你自己就可以進行這個實驗（如果你附近剛好有小嬰兒的話）。把一條絲帶綁到嬰兒的腿上，另一端綁在床邊吊飾玩偶上。當嬰兒動她的腿時，玩偶會轉過來。她很快就學會這中間的關係，高興地一直踢她的腿。下一週如果再帶那個玩偶來，她會踢同一隻腿，但是如果給她看另一個玩偶，她就不會踢那隻腿了。科學家在這個實驗中發現，嬰兒會注意玩偶的視覺特徵，一旦玩偶看起來不一樣了，就沒有理由假設它們跟之前一樣會動。在沒有人教的情況下，嬰兒仍然使用視覺線索，這說明了視覺處理歷程對人類的重要性。

其他證據也指向同樣的事實，像是嬰兒偏好對比強烈的圖案。嬰兒似乎了解，一起動的東西是同一個東西，例如斑馬身上的條紋。他們可以區辨人臉和非人臉，一出生就喜歡看人臉。他們也知道大小跟距離的關係——假如一個東西越來越靠近，也會變得越來越大，但它還是同一個東西。嬰兒甚至可以依物體的共同特性來分類，如顏色、形狀。視覺的優勢在嬰兒小小的世界裡就存在了。

其實，它在更小的DNA世界裡也存在。我們的嗅覺和彩色視覺為了爭演化上的控制權，彼此鬥爭。它們爭的就是當外界有事情發生時，誰是第一個被諮詢的對象。結果是視覺贏了，大約有百分之六十有關嗅覺的基因被永久性地廢除，它們以四倍的速度萎縮，比任何其他動物身上的基因都快。這原因很簡單，視覺皮質和嗅覺皮質佔了大腦很大的皮質空間，在有限的擁擠空間裡，有進就必須有退。如果視覺搶得多，嗅覺就讓得多了。這難道是說我們會永遠失去嗅覺，或我們的頭不會繼續變大嗎？過去幾十萬年來，讓人類嗅覺退化的演化力量目前還沒有火力全開，但是哪些力量取代了它們，至今仍爭論不休。

不論是在行為、細胞或基因層次上，我們都觀察到視覺對人類經驗的重要性。視覺大步地跨過我們的大腦，像個失去控制的超強巨人，用掉很多的能量。回報就是我們視覺系統可以看到電影、有幻覺，在讓我們看到外界之前，先跟過去的經驗或先前的訊息商量。它任意改變其他感官送進來的訊息以符合它的看法，至少它正在蠶食嗅覺的地位。

當你想要在日常生活中運用這些知識，你覺得忽略視覺大神是正確的嗎？看看波爾多品酒專家們你就知道答案了。

新想法．新點子

學習時最好的是視覺輔助

什麼類型的圖片最能抓住我們的注意力，然後轉換成訊息？我們通常會先注意到顏色，會留意方位，在意東西的大小，對會動的東西特別敏感。的確，在非洲大草原上，對我們生命有威脅的東西大部分都是**會動的**，所以大腦就演化來對會動的東西特別小心了。在大腦中，甚至演化出一個區塊是專門來注意這個移動是來自我們眼睛在動呢？還是外面的世界在動？這些大腦區域通常是選擇注意外面世界的移動，很少會注意自己眼睛的運動。

我們需要更多實務應用的研究。圖像優勢是事實，但不是對所有的教材都如此。其實這方面的資料很缺乏，如果要傳達「自由」或「數量」的抽象概念給學生，圖片會比口語解說好嗎？語言藝術用圖像呈現效果會比較好嗎？目前仍不清楚。

納入影片或動畫

我會走上現在的路，應該要感謝唐老鴨。我不是在開玩笑，我甚至記得他說服我的那一刻。那時我八歲大，我母親帶我們去看一支廿七分鐘的卡通短片，叫《唐老鴨遊數學仙境》（*Donald in Mathmagic Land*）。唐老鴨用影像、幽默介紹我進入了數學的領域，從幾何圖形到足球，到打撞球，數學的美和力使我著迷，我要求看第二遍，我母親答應了。它的效力如此難忘，甚至影響了我對事業的選擇。我現在手邊仍然有一卷這寶貴的廿七分鐘錄影帶，定期地播放給我的孩子看，希望有一天他們能開竅，繼承我的衣缽。《唐老鴨遊數學仙境》得到一九五九年奧斯卡最佳卡通短片，它同時應該得「最佳教師獎」才對。這部電影展示了會動的影像在將一個複雜的訊息傳給學生時的強大威力。

動畫是另一個呈現重要訊息的方法，它抓住的不但是顏色和位置，同時還有動作。這個基本的技術不難學，只要會畫圈圈和方塊的人都可以利用目前的繪圖軟體來創作簡易動畫。不必畫地很複雜，研究發現假如圖太複雜或太像真的話，會使學生分心，反而對轉移知識不利。只要簡單、二度空間的圖就可以了。

多用圖片溝通

「多圖片，少文字」是一九八二年《今日美國》（*USA Today*）創刊時用的標語，這份報紙有很多圖片、很少文字。有人認為這種形式不可能成功，有人認為它是西方文明的結束。結果，《今日美國》在四年內達到全美銷售量第二，十年內成為美國第一大報，直到現在。

為什麼會這樣？圖片的訊息對消費者比較有吸引力，因為它不要花什麼大腦就可以了解。因為它把訊息黏到神經元上這麼有效，所以行銷部門的人當然就嚴肅考慮用圖片呈現，做為他們主要的傳遞訊息方式。

有一個實驗用眼球追蹤（eye-tracking）技術偵測三千六百名消費者在看一千三百六十三張平面廣告的情形。結果發現，圖片比較容易抓住注意力，不論圖片的大小。就算圖片很小，擠了很多非圖片的東西在旁邊，我們的眼睛還是會看圖片。

丟掉你的文字簡報

現在大家都用電腦的簡報軟體來做報告，從董事會到教室到科學研討會都在使用。用這有什麼不對？這些簡報都是字，就算根本不需要這麼多字，一份典型的商業簡報**每張投影片**有四十個字。所以請你做兩件事：

(1) 捨棄目前的文字簡報呈現方式。

(2) 重做新的。然後比較看看哪個有效吧。

總結
Summary

大腦守則 9

視覺凌駕所有感官

★視覺是我們最具優勢的感官，花掉大腦一半的資源。

★我們所看到的是大腦告訴我們的東西。它並不是百分之百正確。

★我們的視覺分析有很多步驟。視網膜將光子彙集成像電影一樣的訊息河流，視覺皮質處理這些河流，有些區域處理動作，有些處理顏色，最後，我們將這些訊息綜合起來就成為我們所看到的東西。

★圖片的學習速度與記憶效果最好，比文字或口語表達的方式效果好得多。

第10章｜音樂

大腦守則 10

學習或聆聽音樂能增強認知能力

亨利・卓爾（Henry Dryer）是個九十二歲、住在療養院裡的失智症病人。他獨自坐在房間中央的輪椅上，目光低垂、面無表情，他的身體彷彿也被掏空了。在一部以他為主角的紀錄片中，知名的腦神經科學家薩克斯以「內向、抑鬱、無反應、沒有生命力」來描述他。在療養院十年多以來，亨利幾乎沒有跟任何人說過話。他的女兒說，他以前不是這樣。亨利先前非常外向，熱愛閱讀聖經、跳舞與唱歌，他經常在公眾場所突然隨興地唱起歌來。

這一天，亨利參加一個藉由聆聽過去喜愛的音樂，協助年長者喚起沉睡記憶的計畫，一台滿載音樂的 iPod 交到他手上。當亨利一聽到音樂，他開始發出像號角般的聲音。突然間，他睜大了雙眼，臉上發出光芒，微帶點扭曲。他抓起自己的手腕，開始揮舞、微笑還唱起歌來。亨利**活過來了**。

當 iPod 關掉時，亨利並沒有回到緘默。他變得滔滔不絕、幽默而且**非常**熱情。有人在鏡頭外問他：「你喜歡音樂嗎？」他回答道：「我為音樂瘋狂。你播了優美的音樂，很美的聲音。」接著問他：「你年輕時喜歡什麼樣的音樂？」「凱布・卡拉威（Cab Calloway，美國知名黑人爵士歌手）。」他回答，然後開始擺動身體，並唱著凱布・卡拉威的代表作〈我將回家共慶耶誕〉（I'll Be Home for Christmas），音準無誤，感情豐富，有時歌詞還唱對了。

當被問到「音樂對你做了什麼？」，亨利依舊帶著眉飛色舞的神情，比手畫腳地回答說：「它給我愛的感覺，浪漫愛情！我覺得現在這個世界需要充滿音樂和歌唱。你有很美的音樂，太美、太棒了，我感到滿滿的愛！」

薩克斯博士雀躍不已，他熱切地說：「某種程度而言，亨利回來了，他記得自己是誰，透過音樂的力量他暫時重新取得自己的身分。」我幾乎聽不到薩克斯博士說的話，因為我已熱淚盈眶，這是我見過最感人的影片之一。

音樂是如何像清楚發生在亨利身上那樣點亮大腦的呢？音樂對年輕人與老年人的影響分別是什麼？聆聽音樂的大腦跟接受音樂訓練的大腦有什麼不同？研究者已經積極研究這些問題，為了要了解接觸音樂是否會對非音樂的認知領域有益，研究者探究了學業範疇，像是閱讀與數學。他們研究音樂對表達、生理發展及情緒的影響，現在我們自認至少了解部分音樂對認知的作用。

為什麼是「自認」而非「知道」？因為音樂研究非常複雜——首先，大家對於「音樂是什麼」或者「為什麼音樂會存在」並沒有共識。

你怎麼定義「音樂」？

研究者不是很確定大腦如何定義音樂，部分是因為關於「音樂到底是什麼」並沒有一個普世認同的觀點。A文化A時代的人認為聽起來很吵、亂七八糟的環境噪音，對B文化

B時代的人來說，可能是相當流行、編排極佳的動人**音樂**。例如：英國樂團披頭四（The Beatles）的成員之一喬治．哈里遜（George Harrison）和印度西塔琴大師拉維．香卡（Ravi Shankar）一九七一年共同策劃一場援助孟加拉慈善演唱會（The Concert for Bangladesh），正式表演前，香卡調音的聲響透過喇叭傳到台下西方聽眾耳中，大家紛紛拍手鼓掌、熱情叫好。當台上準備就緒，香卡向台下致意：「謝謝大家，如果你們那麼喜歡我們的調音，我希望你們會更享受我們的表演。」

饒舌歌（rap）是另一個例子，這無疑地是在念歌詞也無疑地……什麼？這是音樂嗎？老一輩的人不會同意，作曲家也不同意，社會學家也會搖頭吧。有一位劍橋大學的音樂科學教授是如此定義音樂的：「所有音樂（是的，該教授說『所有』）可被定義為暫時性的形式化活動，包含個人及社會層面。此活動牽涉聲音的產出與感知，沒有明顯及立即的作用，亦無固定的共識準則。」但這並不是大家會描述音樂的方式。音樂的定義實在是太難有定論了，所以神經科學家哈洛維茲（Seth Horowitz）在他的著作《萬能感官》（*The Universal Sense*）裡有一章的標題是〈第一個能定義「音樂」的人我就給他十塊錢美金（而且這個定義要得到一個音樂家、心理學家、作曲家、神經科學家，及用 iPod 聽音樂的人各一票同意……）〉。

但是某種程度上我們都知道什麼是音樂，我們的祖先也是。音樂具有節奏、頻率上的改變以及音色（或音質，就像是我們可以區分西塔琴與小提琴的「聲音」有質地上的不同）。

音樂通常會跟動作有關，比如舞蹈。音樂是一個真實的現象，即便它是如此模糊難以定義。

有些研究者認為我們天生就擁有音樂性。你可以清楚看到嬰兒對音樂有反應，當聽到特殊的聲音節奏時他們會開心地擺動或手舞足蹈。他們很喜愛爸媽用那種很像音樂的方式跟他們說話，也就是簡短但有節奏，提高音調且拖長音，或是用誇張有趣的聲音逗嬰兒的「父母語」（parentese）。在幾乎所有我們研究過的文化中，音樂都是文化表現的一部分，甚至可以追溯至史前時代。舉例來說，我們已經發現一把有三萬五千年歷史、用鳥骨做成的笛子。如果每個文化都有某種音樂表達形式，如果嬰兒天生就對音樂有反應，那麼有些研究者就推論，音樂一定具有某種演化功能，我們一定天生就被設定為具有音樂性，大腦中一定有一塊特別專屬於音樂的區域。

哈佛大學的平克教授（Steven Pinker）卻力排眾議，在他的著作《心智探奇》（*How the Mind Works*，中譯本台灣商務印書館出版）中寫道：「把音樂說成是一種聽覺起司蛋糕、一道撩撥至少六個心智功能敏感帶的精緻甜點，我相當懷疑這種說法。」就像熱愛音樂一樣，人們也熱愛起司蛋糕，而且已經很久了（目前得知最早的起司蛋糕食譜出現在西元前五世紀），但那不代表大腦有一個區域是特地貢獻給起司蛋糕的。平克說我們不是天生對起司蛋糕特別有反應，而是對脂肪與糖有反應，在貧瘠的非洲大草原，這種超級能量補給品有點少見，因為罕見，我們的大腦就對脂肪與糖的存在特別敏感（你也可以說是奉獻給脂肪跟糖）。因為有高度價值，我們的大腦就將消化這類食物和強烈的愉悅感緊緊連結起來。平克對於音樂有一樣的論述，他認為音樂刺激了大腦那些天生應該要處理非音樂性訊息的區域。平克進一步指出，用演化觀點來討論大腦專屬於音樂的模組是沒有意義的，因為實際上根本就沒有這個模組。

研究者對於音樂的定義還沒有一致的定論，為何有音樂存在也同樣未解，但是研究者仍然在認知與社會技巧的研究上努力不懈地尋找答案，他們已經發現音樂對大腦有幫助這件迷人的事，只是這個幫助不是一般人想像的那樣而已。

音樂訓練對大腦的影響

維茲卡拉（Ray Vizcarra）是洛杉磯一所高中的軍樂隊與樂團老師，他曾經帶領學生為這所高中贏得許多榮譽。維茲卡拉的學生很多都沒有受過音樂訓練，他卻能在短時間內，把這群學生訓練到拿下洛杉磯聯合學區的樂隊冠軍。洛杉磯並不是培育音樂比賽好手的沃土，這說明了維茲卡拉相當不簡單，洛杉磯市議會還在二〇一一年頒給他特別成就獎。然後他卻失業了，因為教育經費刪減和被迫裁員，維茲卡拉不得不離開這個工作。這是刊在《洛杉磯時報》（*Los Angeles Times*）上的新聞。

我太太的朋友大多是專業的音樂家，他們對這則新聞相當氣憤填膺。維茲卡拉被解雇對他們來說，是許多令人悲憤的例子之一，現在學校重視的是像閱讀或數學這些學科能力測驗，音樂就被丟在一旁了。不可避免地，我跟這群朋友的對話主題轉到了「音樂課是否有留在學校的價值」諸如此類的問題。他們問我：難道音樂對閱讀或數學成績都沒有幫助嗎？

我的回答不如他們預期。

「這有點複雜」，我通常會這樣回答，接著我開始列出幾個影響答案的變項，當他們說「音樂」時，他們的意思是「整天聽音樂」嗎？還是他們指的是「音樂訓練」，像是那位樂團老師帶學生做的事？這兩種都是跟接觸音樂有關，卻不能說是同樣的事情。另外，「幫助」是指改變學測的分數嗎？如果幫助到的是學科測驗不包含的認知歷程，那這樣也算嗎？

通常他們指的是音樂訓練對閱讀能力、數學成績，或者一般智力的影響。如果是這樣的話，那我有壞消息，因為我得先花幾分鐘的時間為各位上一下統計課，這堂課的重點是一個叫「*r*值」的東西。

*r*值指的是兩個變項之間可被量化的線性關係，它測量的是兩個變項關係的緊密程度。

*r*值介於-1和1之間，當*r*值越靠近1，這兩個變項之間的正相關就越高。舉我太太的例子來說，她很愛吃巧克力，每次她一吃巧克力臉上就會展開燦爛的笑容，巧克力跟笑容之間的相關是緊密的，我們可以輕易就知道它們的*r*值是1。

在科學的領域裡，我們用 r 值來檢驗進行多年的多項研究，從中找出模式來，這個步驟稱為後設分析（meta-analysis），通常用在分析音樂是否與成績或認知表現提升有關的研究。接下來我們來看看幾個謠言的真實研究結果。

音樂訓練可以提升數學成績？在文獻中最高的 r 值是0.16，相關不是很高。

音樂訓練可以提升閱讀能力？這裡的 r 值大約是0.11。近期研究者開始探討音樂家與非音樂家在閱讀能力提升上是否有差異，但還需要更多的研究才能提供可靠的證據。

音樂訓練可以提高智商？答案仍然是「錯」。音樂家雖然**是**比較聰明，但可能是因為比較聰明的人會去上音樂課。

音樂訓練能提升某些對學業有幫助的面向？是的，就是空間時間推理。有別於其他推理能力，空間時間推理讓你可以在腦中旋轉三度空間的影像，這是建築師或工程師使用的技能。如果是團體的鋼琴課，那麼音樂訓練與空間時間推理能力之間的 r 值是0.32；如果是一對一的課程，r 值則是0.48。

但整體來說這些都不是什麼太了不起的數據資料。

就算如此，比這些更低的 r 值都還會登上頭版新聞。我最愛提的例子就是所謂的「莫札特效應」。新聞宣稱聽莫札特音樂可以改善數學能力，依據此說法而冒出的相關產品開始大發利市，商人們販售莫札特音樂的ＣＤ和ＤＶＤ，並推銷給擔心孩子認知發展的焦慮父母，喬治亞州州長甚至一度還贈送古典音樂CD給全州有新生兒的家長。這些狂熱來自於一篇小小的研究，而之所以會引起巨大的公眾注意，是因為這篇研究發表在相當權威的《自然》（*Nature*）期刊。該研究指出，如果大學生在空間測驗之前先聽十分鐘莫札特音樂，他們的成績就會進步。但是這效果並不強，統計分析的數值更是相當難看，*r* 值只有0.06。一個月後，《自然》期刊發表了質疑該研究的批評文章。試圖複製這個實驗結果的研究者發現，聽**任何**一段會讓人愉快的音樂或甚至是故事都會讓受試者在空間測驗上分數較高，但這效果只會持續約十五分鐘。這個不是太耀眼的事實並沒有引起大眾注意，不過最早提出莫札特效應的研究者也對販賣相關商品的業者提出譴責，幾年後他反省說，喬治亞州政府與其把錢花在買音樂CD，不如把錢花在建設公立學校的音樂課上。

音樂家比較擅長傾聽

假設你現在正在實驗室裡聽一段你很熟悉的聲音檔，突然間研究者在聲音檔中穿插某個變化（例如：改變節奏韻律或者音準），這個變化可能很戲劇性或者很細微，但研究者只想問：你能夠偵測到它嗎？如果你越能發現細微的變化，你的分數就越高。

這個研究中，音樂家比非音樂家獲得更高的分數。但有趣的是，就算聽的是演講而非音樂，音樂家的表現還是比較好。例如：給音樂家跟非音樂家聽以他們母語錄製的聲音檔，如果改變聲音的音頻，會看到音樂家的大腦神經刺激反應比起後者更加明顯。音樂家也比較能夠在充滿噪音的環境中發現並注意某個特定的聲音（這能力有個花俏的名字，叫做「聽覺刺激流分離」〔auditory stream segregation〕）。

音樂訓練能增強語言能力

在一個研究中，研究者讓兒童接受一週兩次「專為學前閱讀與寫作技巧設計的音樂課程」，為期一個學年。研究結果發現，這群兒童的神經結構產生改變，因此促進了動作技巧（書寫能力）與聽覺技巧（認字能力），這直接改善了他們的語言處理過程。一個學習樂器至少三年以上的十歲孩子，在使用的詞彙量與非語文性推理能力上，都比其他孩子強得多。幼童在念小學前若先上音樂課，則在成年時有較好的感覺動作統合能力。光這些研究發現，就足以提供強烈證據支持家長應該讓孩子在七歲前開始上音樂課。

音樂訓練能為工作記憶帶來直接的幫助，這個幫助不僅是在負責處理語文內容的語音迴路，也包括負責處理視覺空間記憶的描繪本（詳情可見〈記憶〉那一章中西洋棋手納朵夫的例子）。工作記憶是執行功能裡的關鍵要素，執行功能比起學生的學測成績或智商，更能預測他們在大學時期的表現。在眾多選項中選擇並注意相關刺激物，也是執行功能的另一個主要元素。任何音樂在這些面向所提供的協助（例如：幫助學生在一間充滿無關噪音的房間中專注於特定的音韻流動）對兒童來說都是件好事。

綜上而言，這些研究都是支持音樂教育的證據。在《自然神經科學評論》（*Nature Reviews Neuroscience*）期刊中，研究者克勞斯（Nina Kraus）與錢卓斯卡蘭（Bharath Chandrasekaran）在一篇關於聽覺的研究提到：「音樂訓練的優點不僅有助於音樂處理的感覺歷程，還有助於其他的感覺處理能力。」這證明學校應該增加音樂課的質和量。

這對音樂老師維茲卡拉而言實在是大好消息。

語言表達與音樂的關係

為什麼學音樂對語言表達有幫助？我們知道人類大腦處理音樂與說話的方式不同，但我們也知道它們有許多共同特徵。

節奏，就是其中一個特徵。人們在念一段莎士比亞劇本、一首詩或一段饒舌歌時，會用有節奏的方式在某個段落停頓。就像任何一個鼓手都會告訴你的，節奏也是音樂非常重要的一部分。

音調，是另外一個特徵。當人們說完一句話時，尾音必然是下降的，而問問題時，尾音必然會上升。音調變化是說話時的關鍵，也是音樂的一個重要特徵。

我認為大腦的音樂處理歷程在概念上可以用文氏圖（Venn diagram）來說明，也就是兩個部分重疊的圓圈，會產生一個共同的區域。大腦有專門負責語言的區域，叫做紅色圓圈好了，大腦也有專門處理音樂的區域，叫做藍色圓圈。而語言和音樂不論在心理層面或生理層面，都共用一些相同的區域，至於這些相同的區域，抱歉，愛麗絲．華克（Alice Walker），我要借用你的書名，就叫做紫色交集吧。（譯註：作者在此模仿美國知名作家愛麗絲．華克的普立茲獎暨美國國家圖書獎作品《紫色姐妹花》〔*The Color Purple*〕的書名以展現幽默。）

大腦讓不同的區域相當獨立，患有先天性音樂失能症（congenital amusia）的加拿大護士莫妮卡，就是一個例子。莫妮卡五音不全，她的家族中大多數的人也是如此。然而，她的症狀不只是當聽到一首歌時抓不到音階，研究顯示，莫妮卡也無法分辨音符，她根本不知道每個音符之間的差別，無法判斷某個音是否「走掉了」，也聽不出任何旋律。就音樂方面來說，她完全是個音盲。莫妮卡一點也不喜歡音樂，這造成了她的壓力，或許正如同她同學所說的：莫妮卡在教會合唱團與學校樂團裡是個侷促不安的小女孩。

但是如果你跟莫妮卡聊天的話，你永遠不會發現她有辨別音準的問題。她說話的方式跟一般人沒有兩樣，當她說完一個肯定句時，結束的語調是下降的（她不是山谷女孩；譯註：

山谷女孩〔Valley Girl〕指住在南洛杉磯中上階層住宅區的少女，說話有一種特別的腔調和特殊的詞彙），問問題的時候尾音也會上揚。不管是從自己或別人的聲音裡，莫妮卡都聽得出說話音調的改變。

另一個音樂失能症的案例是一名想要學鋼琴的小孩，他的老師很快就發現他無法分辨不同的音調（也不會打拍子）。但他在說話的表現上就完全不同了，除了母語，這個孩子還能夠流利地說三種外國語言。

這好像蠻奇怪的，大腦若認定現在聽到的是**語言**，這些音樂失能症患者就有辦法分辨出音調改變，一旦大腦認定他們聽的是**音樂**，他們就會陷入完全的混亂。當音波進入你的耳朵時，大腦是如何決定你聽到的是環境噪音、一段話、還是音樂呢？有各式各樣的原因讓這個問題變得相當重要。我們在本章也將會看到，有些人在接觸音樂之後通常可以重獲他們原本失去的語言能力，但如果他們聽的是說話的聲音，就沒有同樣的效果了。這是怎麼辦到的？大腦判斷一個聲音是不是音樂的準則是什麼？科學家還沒有答案，我們目前只知道，大腦在某些時候似乎會把語言和音樂區分開來。

不過，我們文氏圖中的紫色交集（大腦中處理語言和音樂的重疊部分），是手邊這個問題最有意思的部分。這個重疊部分就是音樂訓練會影響語言的原因：如果你改善某一邊的能力，那另一邊的能力也會跟著改善。

音樂訓練能改善社交技巧

音樂訓練除了理所當然會讓人變成更優秀的音樂家之外，還有其他的好處嗎？看看派特麥席尼爵士樂團（The Pat Metheny Group）演奏〈你有沒有聽說過？〉（Have You Heard?）的實況影片，你大概會有些答案。

麥席尼是一個有著澎澎頭髮型的美國爵士吉他手兼作曲家，他拿過十九座葛萊美獎，從七〇年代中期開始他就在錄製唱片了。我看過一九九五年他們在日本的實況演出影片，完全展現這個樂團的即興演奏功力。除了令人陶醉的大師級表演，我印象最深刻的還有他們不可思議的合作默契。舞台上有五位薩克斯風手、五位小號手、兩位歌手、一位低音大提琴手、幾位鍵盤手和打擊節奏樂手們，可能還有一大群我沒看到的人。這樣的演奏規模是很可能會出錯的，但你完全都聽不出來有任何紕漏。樂手們在整首歌之中輪流獨奏，他們串連樂曲的方式就像丟飛盤般地你拋我接，整體表現卻像是出自一人之手般地完整流暢。他們甚至不需要看彼此——事實上也看不到，因為舞台上幾乎是暗的，樂手們用微妙的非語言線索給彼此暗號，這是爵士樂表演裡經典傳奇的手法，創造出只有經驗老道的樂手才有辦法理解的音樂對話。這實在讓人拍案叫絕，簡直是一場夢幻的表演！

他們怎麼有辦法如此合作無間？樂團的表演是否有什麼特殊之處，能夠訓練我們發現別人身上細微的線索，進而協調合作以完成目標導向的活動？有助於團體或他人利益的行為，叫做「利社會行為」（prosocial behavior），就像是在爵士樂團表演中讓其他樂手在萬眾矚目下獨奏，或是當另一半生病時你為他煮晚餐般的日常行為，都包含在內。你可以想像，利社會技巧對於一個人在生活各個面向的社交能力影響有多麼深遠。

音樂訓練是否不僅有助於認知能力，也有益於社交能力？你不需要厲害到加入麥席尼的樂團才能知道這件事，接下來我們要看的研究涵蓋的年齡層從嬰兒到成人都有。

音樂家較擅長察覺情緒

如果你曾有過被別人吼了之後而掉眼淚的經驗，那你就會懂「語言能傳達情緒」這句話。你可以從對方**怎麼**說話來察覺他當下的感覺是**什麼**。我們把這種能力叫做「聲音情緒辨識能力」（vocal affective discrimination skills），研究者想問：受過訓練的音樂家在這些技巧上到底比沒受過音樂訓練的人厲害多少？

在一個研究中，研究者讓母語是英語的音樂家與非音樂家聽用「他加祿語」（Tagalog）所表達的各種情緒，這是他們都陌生的菲律賓語言，他們被要求辨識出任何聽到的情緒。在聽不懂任何一個字的情況下，他們對這段外國話的情緒覺察能力會是如何呢？結果非常戲劇化，受過訓練的音樂家贏了，而非音樂家的成績則是一場糊塗。音樂家對於難過及害怕的情緒感受特別敏銳。音樂家在聽他加祿語時，高出非音樂家的分數甚至比聽英語時還多！這類研究為證明音樂或許能夠促進社交技巧奠下了基石。

另一項研究則納入受過十年以上音樂訓練的大學生。研究者播放各種聲音檔給學生們聽，同時以腦造影觀察他們的大腦活動。研究者特別有興趣的是學生們的腦幹——這是我們大腦最原始、演化上最古老的部位。當這些受過音樂訓練的學生們在聆聽聲音訊息時，相較於沒學過音樂的人，他們的大腦到底在做什麼？

與先前的研究結果一致，受過音樂訓練的人在辨識情緒訊息上勝過沒有學音樂的人。這些大學生特別能夠偵察到**嬰兒**哭聲中聲音、時間和音調上的細微變化，天啊，真不簡單！（能聽懂嬰兒哭聲代表什麼，這是非常非常困難的）。我們把這個天份稱為「細微區辨能力」（fine-grained discrimination）。延續先前的研究結果，研究者表示音樂家的腦幹在這類神經處理任務上比較有效率。準確一點來說，他們的大腦對於複雜的情緒訊息，會呈現比較多的時域反應（time-domain responses）。也就是說，他們不只是在外顯行為上表現較好，他們的**頭腦**也比較好。

但我們還是需要進行更多的研究。我們至今仍不清楚，是否音樂訓練真的可以直接促進這個能力，還是說天生細微區辨能力比較好的人，本來就喜愛音樂也比較能持續學習音樂。

音樂課讓孩子更有同理心

研究者想要知道音樂訓練是否可以直接引起社交能力的改變？

有一個研究，隨機將五十位八到十一歲的兒童分成三組。第一組在整學年都一起上團體音樂課，這個讓人開心的課程包括：即興作曲、音樂遊戲、學唱旋律以及共同體驗音樂。第二組讓他們玩遊戲，遊戲內容同樣也包含模仿與互動經驗，但主要是用口語方式（而非音樂）來進行。第三組就只是接受一般的學校課程，不額外做什麼。研究問題是：這一學年結束後，這些兒童的社交能力會有多好？在實驗開始之前，研究者已經先建立基礎線，測試這些兒童的社交技巧能力，例如：同理心以及心智理論能力。

結果，音樂組的小朋友在同理心測驗上的表現進步最多。跟大人一樣，這些接觸音樂的兒童在他們的社會環境中，都擁有比較好的語言或非語言的情緒訊息解碼能力，也比較擅長模仿別人的臉部表情。透過同理心量表（Bryant's Index of empathy，測量兒童同理心的工具）得知，這些上過音樂課的小朋友，對於捏造的假設情境也能顯露出較多的同理反應。其他兩組小朋友則沒有類似的改變。

該研究的第一作者拉比諾維茲（Tal-Chen Rabinowitch）說：「整體而言，那些參加過我們互動音樂課程的孩子，明顯增加了他們的同理能力。」

這個研究結果後來也在加拿大六歲兒童身上得到同樣的結論。

音樂也讓嬰兒更有社交能力

到目前為止，我們已經知道音樂課對成人、大學生、小學生在社交能力上的益處。你還能將這個結果推論到更小的年紀嗎？如果給**嬰兒**（沒辦法比這年紀更小了）上音樂課，他們的社交能力是否也會變好？令人驚訝地，研究者發現了類似的結果。

他們讓六個月大的寶寶連續上六個月的親子音樂課程，課程大致上遵循鈴木音樂教學法（Suzuki methodology），上課的學生需要主動參與團體活動。活動內容包含大量的歌唱、敲擊樂器以及學習兒歌，家長們必須在家跟寶寶一起複習。毫無疑問地，他們被稱為「主動組」。第二組是對照組，這些父母與孩子被安排一邊玩玩具一邊聽《小小愛因斯坦》（*Baby Einstein*）音樂ＣＤ，他們是「被動組」。

你可以用一種複雜的測驗工具就能實際測得嬰兒的社會行為能力，那個測驗工具就是「嬰兒行為量表」（Infant Behavior Questionnaire, IBQ），可評估嬰兒氣質的十四個面向。實驗開始前，研究者先對兩組受試者進行評估，以獲得基準值。如果你是音樂倡議者，準備好接受振奮人心的實驗結果吧。

主動組在各種可測得的社交能力上，壓倒性地大勝被動組，他們更常微笑，也更常哈哈大笑，他們在壓力下也比較容易冷靜下來。進行極限評估（limitation assessments，測量對無預期刺激的反應能力）時，主動組的壓力也比被動組少了許多。相關研究也顯示，主動組嬰兒的手勢（揮手再見與指東西）都進步了，這可能蠻重要的，因為這些前語言期的溝通，能讓親子之間有更正向的社交互動，**這**提升了嬰兒幾乎所有可測量的認知能力表現。

這是怎麼一回事？我們其實不確定。在實驗中，被動組跟主動組接觸到同樣多的音樂和社交互動，或許比起只跟玩具玩，創作音樂簡單地提供了一種環境，讓嬰兒可以開始練習較多的社交合作和一般性利社會行為。從這個觀點來看，關鍵可能不是取決於音樂，而是互動。但也有可能音樂才是關鍵，因為以互動來說，兩組嬰兒都跟父母有同樣多的互動。不論如何，只要是加入音樂，都能讓孩子變得比較有同理心，也比較能跟別人產生連結。

這才是重點。

雖然上述這些實驗都是用人為操作的方式來顯示音樂訓練是否能直接產生影響，但這些研究多數還是與人類的自然天性有關。整體看來，這些研究都指出音樂訓練能增強基本的語言處理能力、空間技能、情緒線索覺察能力、同理心，還有寶寶等級的社交技巧，有些研究證據甚至非常強烈。接下來，我們要來看看單純聽音樂的效果。

音樂改變你的心情

「是**心靈**（breast）才對！」我的母親從廚房大喊，當時十三歲的我馬上注意聽她在講什麼，她解釋說：「應該是『音樂能撫慰狂暴的心靈』！我記得這句話是出自一齣古老的戲劇……」她的聲音逐漸減弱。

那時我人在客廳，正在看一集叫《手搖風琴兔》（*Hurdy-Gurdy Hare*）的兔寶寶卡通，然後我母親不經意聽到一句台詞。那集是「樂一通」（Looney Tunes）卡通（譯註：美國華納兄弟早期推出的卡通系列）的經典情節，充滿老少咸宜的幽默。故事是描述一隻逃跑的大猩猩正追著兔寶寶，經過一連串滑稽畫面後，大猩猩把兔寶寶困在一間公寓的房間裡，在緊要關頭，兔寶寶恰好發現了一把小提琴，然後演奏了起來。瞬間，大猩猩冷靜下來，開始隨著音樂起舞。兔寶寶對著鏡頭諷刺地說：「音樂能撫慰野蠻的野獸（beast）。」但因為我母親突然插話評論，我就沒注意到後面演了什麼。她當然是對的，根據學者考察，這句台詞來自十七世紀劇作家康格里夫（William Congreve），原文很可能是：「音樂已然施魔，狂暴心靈歇息（Music hath charms to soothe the savage breast）」。

不管如何，音樂都能影響人的心情以及後續行為，這樣的主題在文學作品中很常見。而研究者會告訴你，這是生物化學分子作用的結果。令人驚訝的是音樂能引起荷爾蒙的改變，然後導致心情的改變。這還用說嗎？看看全世界的樂迷就知道了。任何人只要聽到自己喜愛的歌，就知道這是真的。音樂會引發愉悅感是大家都知道的，這種愉悅的興奮有時伴隨著某些能力的暫時增加。為此，我們要感謝三種荷爾蒙：多巴胺、皮質醇與催產素（oxytocin）。

多巴胺

知名的加拿大研究者察多爾（Robert Zatorre）多年來致力於研究人類對音樂的情緒反應。他與同事們發現，當人們聽到非常喜愛的音樂（我指的是會激動人心、令人敬畏，像〈帶我飛上月球〉〔fly-me-to-the-moon〕這種經典老歌），他們的身體就會釋放多巴胺到大腦的特定區域。

多巴胺是一種神經傳導物質，居中調節許多大腦處理歷程，從愉悅的感覺到記憶的形成都有它的涉入。多巴胺湧向紋狀體系統（striatal system），紋狀體是大腦中心一個弧狀結構，與許多功能有關，包括評估你接收到的刺激有什麼意義。察多爾發現，當你聽到會讓你起雞皮疙瘩的音樂（稱為「音樂顫慄」〔musical frisson〕），紋狀體系統會隨著多巴胺釋放而啟動。透過這個機制，音樂或許就撫慰了人類的狂暴。

皮質醇

對大多數人來說，手術不是個愉快的經驗。當侵入性醫療不得不做時，有些人會被嚇個半死。研究者於是想知道：「音樂可以降低病人接受手術的壓力嗎？」為了回答這個問題，他們把三百七十二個病人分成兩組，第一組讓他們在接受手術前先聆聽音樂，第二組則先服用抗壓鎮定劑（速眠安〔midazolam〕）。

研究者藉由測量呼吸與心跳速度來評估病人的壓力程度，猜猜哪組病人經驗到的壓力最小？答案是音樂組。在手術前，音樂組感受到的焦慮比鎮定劑組少了百分之十三。聆聽古典音樂或冥想式的放鬆音樂效果最好。

催產素

催產素在社會聯繫行為上扮演非常重要的角色。這個很有才華的分子會刺激暫時性的感受，像是在信任、性高潮、泌乳，甚至是生產（縮宮素〔pitocin〕就是一種可引起收縮的化學合成催產素）時。催產素甚至讓某些哺乳類動物會與伴侶攜手共度一生，例如：草原田鼠。基於這些社交歷程資料，我們可以知道當大腦為了對某些外在線索做出反應，因而增加催產素的分泌時，就是一件大事了。

研究者已經發現，當人們在團體中（如合唱團）唱歌時，催產素會蔓延整個大腦。荷爾蒙上升對於感受到信任、愛與接納，是一個相當可靠的指標。這可說明為什麼合唱團成員常會覺得與其他團員很親密。

蒙特婁大學的研究者拉維頓（Dan Levitin）在接受美國國家公共廣播電台訪問時，說一起演奏音樂也有同樣的效果，他說：「我們現在知道當人們一起演奏音樂時，催產素就開始分泌了……這是一種人們產生高潮時會分泌的親密荷爾蒙。你想想看，這絕不是巧合，一定有某些演化上的壓力。語言不會產生催產素，但音樂會……。」這可是直接打臉平克對聽覺起司蛋糕的說法了，如果你還記得的話。這些證據支持了音樂可以使人開心、讓人平靜，也許還可以讓人感覺彼此更親密。我可以舉自己的例子來證明這些感覺。

我太太是一位受古典音樂訓練的鋼琴家與作曲家（她幫紀錄片配樂）。在過去幾年中，她很熱衷於愛爾蘭、蘇格蘭與塞爾特音樂。她經常聽一首美妙的蓋爾語歌曲，我也很喜歡。那首歌從一播放就讓我完全沉浸在那份融合繚繞、平靜和放鬆的綜合感受裡，就好像在酒吧中點了一杯讓人陶醉的雞尾酒。結果有天這首歌變得很重要，那是我們得從西雅圖開車到溫哥華的某一天。那時我們正在度假，而我一點都沒有好好休息到。開到溫哥華時正遇上最糟的下班時間，我因為找不到旅館而火氣正慢慢上來，每錯過一個路口我就更緊繃。壓力荷爾蒙在我血液裡沸騰起來，這正是我太太最善於觀察到的狀況。她找出那首歌的CD，將它放進車子的播放器裡，然後把音量開到最大。遠遠地有一股平靜感受湧現，我不得不向它屈服，然後馬上就感覺到那份寧靜流貫我的全身，接著我們很快地找到旅館。我可以作證，音樂使人平靜的感覺實在非常美好，尤其是對其他坐在車上的人來說。

但更重要的是，這些荷爾蒙代表了研究者們的奮力不懈，他們把曾經好像只是軼聞、只是曇花一現的音樂的神奇力量，用具體的細胞和分子世界來呈現。這些對音樂效用的發現可能還具有醫學上的意涵呢。

音樂治療的希望

用音樂治療病人的歷史很悠久，希臘醫生希波克拉底（Hippocrates）開給精神疾病患者的處方箋就是音樂。第一次世界大戰期間，英國的醫院曾經僱用音樂家為恢復中的傷兵演奏。音樂似乎不只是令他們平靜，也減低了他們的痛楚。在當時，這些音樂的療效都沒有被正式地測量紀錄，但觀察到的療效都很一致，於是就繼續沿用到第二次世界大戰。這些觀察還導致一些音樂治療組織的成立。

雖然進展緩慢，但這些零星的觀察終於引起研究團體的注意力，明確的研究結果開始浮現。舉例來說，音樂可以幫助頭部創傷病人恢復語言能力。頭部曾遭槍擊的美國國會議員吉佛茲（Gabrielle Giffords），就藉由歌唱重獲部分語言能力，研究者認為這之所以有用，是因為迫使大腦啟動說話時未曾用過的區域。薩克斯博士在一部紀錄片裡，提到吉佛茲的復原之路時說：「沒有什麼比音樂更能廣泛地活化大腦了。它讓大腦在右腦開發出全新的語言區域，這實在太令我驚訝了！」

音樂也改善了中風病人某些特殊認知功能的復原速度。有一個研究比較病患接受六個月的音樂治療與「談話治療」（talk therapy）的差異，結果非常驚人。在詞彙記憶的測量上，談話治療組的分數是七分（並不是很好），而音樂治療組是二十三分（非常高）；專注性注意力的測驗分數也顯示出類似的懸殊差異：談話治療組是一分，音樂治療組拿到十一分。在六個月療程結束後的整體語言能力評估，談話治療組拿到五分，音樂治療組是二十一分。

針對有動作問題的中風病患，包括帕金森氏症與腦性麻痺患者，研究者發現了類似的正面結果。音樂治療組的病人比起接受傳統治療的病人，在行走時的手臂擺動與步伐上，都顯示出較多的進步。音樂似乎提供了一種可預測的節奏性，能幫助人們達到動作的協調。

這類研究大多都著眼於成人，特別是年長者，那關於我們最年輕的族群呢？

住在新生兒加護病房裡的早產兒，在播放音樂的環境下，他們的體重會增加得比較快，因為音樂幫他們學會更輕鬆地吸到母奶。音樂也降低了他們的整體壓力程度，這可能可以解釋其他的發現。在另一個研究中，聽音樂的小女嬰（雖然不是小男嬰）住在保溫箱的時間比起沒有聽音樂的女嬰少了十一天。現在，美國所有醫院的標準做法，是在新生兒加護病房裡播放平靜、安穩的音樂。

為什麼音樂會有這些效果呢？我們依舊不是很確定。在二〇〇一年，有一個「警醒與情緒假說」（arousal and mood hypothesis）的想法發表了，這假說認為上述三種荷爾蒙正是音樂加速復原的原因。雖然那只是個假說，但它也為某些重要的神經科學研究打開大門。後續如何，請保持收聽。

新想法・新點子

有太多的研究雖然很引人注目，但都不足以**證明**直接的因果關係，而且這些研究都是在實驗室中完成的。我希望能夠看見以學校的規模來進行音樂計畫的研究，好讓我們在真實世界的情境中了解音樂訓練的效果。當孩子一進入小學一年級，學校就把他們隨機分成兩大組，讓其中一組上音樂課學樂器，課程有正式的指導以及合奏訓練，每天規律持續地上音樂課，就像上其他學科科目一樣。這個計畫至少要持續十年，在孩子進入中學時才停止。另一組則不上音樂課。

藉由這樣大規模且長期的研究計畫，我們可以得知學生接受音樂訓練十年後，在語言表達相關的測驗，以及語言藝術和第二語言等項目的成績，是否會比沒上音樂課的學生來得更好。還有，既然情緒調適會大大影響學業表現（請見〈壓力〉一章），我們另外想問的問題也和這有關：學過音樂的孩子是否也有比較好的情緒調適能力？學業成績也會比較好嗎？在與音樂無關的團體情境中也更能互相合作嗎？音樂訓練可以減低學校中的反社會行為，例如：霸凌嗎？音樂訓練毫無疑問地可以讓人有教養和紀律，這也是衝動控制的一種（就算心不干情不願，你還是得扎實地學完十年音樂）。

上述問題只要有一題答案是肯定的，我們就可以用一個相當有趣的原則做結尾：要打造一個全方位的資優生，唯一的辦法是，重新聘顧瑞茲卡拉老師回來繼續教音樂，而且當學校教育經費短缺時，正規的音樂課仍擁有免死金牌。

總結
Summary

大腦守則 10

學習或聆聽音樂能增強認知能力

★正規的音樂訓練能促進許多認知領域的智慧技能。音樂能增強下列表現：空間時間推理能力、詞彙、在嘈雜的環境中辨識特定聲音的能力、工作記憶以及感覺動作技能。

★正規音樂訓練也有助於社會認知能力。受過音樂訓練的人，比較能夠覺察到談話中的情緒訊息，同理心與其他利社會行為也會提升。

★音樂帶來的各種效果已經在成人、大學生、小學生，甚至是嬰兒身上獲得證實。

第11章 | 性別

大腦守則 11

男性和女性的腦是不一樣的

男生是一條熱狗。女生是一條母狗。

這是一個實驗最後得到的兩句結論。幾位研究者創造了一位虛構的公司副總裁，他們請了四組受試者評估這位虛構副總裁工作的表現。這四組受試者的人數都一樣多，一半男生，一半女生。每一組都讀了這位副總裁的職務描述，但是第一組被告知他是男士，第二組則被告知是女士，然後請他們評估這位副總裁的能力、人緣。結果第一組給予非常高的評分，認為他很能幹、有人緣。第二組則評定她有人緣，但不是很能幹。這個實驗中，所有的因素都相同，唯一的不同在性別上。

第三組被告知這副總裁是男性，而且是明日之星，他的卓越表現在公司爬得很快；第四組被告知這個副總裁是女強人，也是會坐直升機往上爬的人。像前面一樣，第三組認為男士很能幹、有人緣；第四組則認為這女的很能幹，但是不是很有親和力。事實上，所有人讀到的工作描述都一模一樣，裡面甚至有「敵意」這種不友善的用詞存在。但是你看到了上面的結果，所以我說，男生是條熱狗，女生是條母狗。（編按：「hot dog」也有形容一個人很厲害、很受歡迎的意思，作者用來暗喻同樣特質在男女身上會有不同評價的社會性別偏見。）

這實驗的重點是，性別偏見傷害到真實世界真實的人。等一下當我們進入有爭議性的大腦和性別議題時，請記住這個社會效應。在這領域中，男生和女生看待彼此的關係很混淆，為什麼有不同也很混淆，甚至連用的術語都很混淆。因此，在本章中，「性別」（sex）指的是生物上和解剖學上的不同，而「社會性別」（gender）指的是社會期待上的不同；性別是跟DNA有關，而社會性別不是。

男生和女生大腦的差異可以從三方面來看：基因、神經生理及行為。科學家通常皓首窮經只研究一個，所以本章針對這三方面的討論篇幅將會十分簡短。

我們怎麼變成男生或女生

大腦的性別差異從決定我們成為男生或女生的基因開始。交配時，四億的精子在尋找卵子，這工作其實沒有那麼困難，顯微鏡底下的人類受精世界，卵子就像電影《星際大戰》的太空要塞「死星」（Death Star）那麼大，而精子就像「X翼戰鬥機」那麼小。

X是非常重要的染色體，在精子中有一半是它，卵子中全部都是它。你還記得生物課中老師教你的那些染色體知識嗎？DNA像一長串的東西塞進你的細胞核中，裡面包含了製造你的必要訊息。

你可以把它想成四十六本大大的百科全書，媽媽給你二十三本，爸爸給你二十三本。其中有兩個是性染色體，至少有一個一定要是X染色體，不然你就會死。假如你得到兩個X染色體，你就去女更衣室，如果你是X和Y，那你就上男更衣室。所以性別是由父親決定的。

（英王亨利八世的太太們很希望他有這個知識，他把王后安・波琳〔Anne Boleyn〕送上了斷頭台，因為她沒有替他生一個繼承人，但是他其實更應該砍自己的頭，因為Y只能來自父親。）再說一遍，性別是由男性的精子決定的。

X和Y染色體的工作

Y染色體最有趣的一件事就是你並不需要大部分的它就可以製造一個男性出來，你只要Y染色體中間的一小段帶有SRY基因的部分就可以了，它會開啟製造男性的程式。

分離出SRY基因的人是佩吉（David C. Page）。當時他已經五十多歲了，但看起來還像廿八歲。他是麻省理工學院的教授，懷海德研究院（Whitehead Institute）的主任。他風度翩翩，有著令人精神一振的幽默感，他是世界上第一個分子生物的性別治療師。或是說，性別的掮商。他發現你可以破壞男性胚胎中的SRY而得出一個女生來，或把SRY注射到女性胚胎中，把她變成一個男的（SR是性別反轉〔sex reversal〕的意思）。

為什麼能這樣做？這事實對任何相信男性是先天設定要來統治地球的人來說很難接受，研究者發現哺乳類的胚胎原來都是女性。但男性的程式較有勁，美國國安局估算（雖然不是每個人都同意）世界上每出現一百個女寶寶就會有一百零七個男寶寶，不過因為男性較早死，所以成年男女的比例大約是一比一。

X和Y兩種染色體的工作量不同，X染色體上有一千五百個基因，全部都參與胚胎建構歷程。而Y則安靜地慢慢在自殺——每一百萬年去掉約五成基因，現在只剩不到一百個基因了。因為男生只有一個X染色體，所以他需要用到X染色體所攜帶的每一個基因；而女性有兩個X染色體，有雙倍的份量。你可以把它想成做蛋糕時需要一杯麵粉，假如你加了兩杯下去，蛋糕就太硬了，不好吃了。女性胚胎用了自有性別戰爭以來最好的武器來解決兩個X的問題，她根本不理另外一個X，這叫做「X的沉潛」（X inactivation），有一個染色體上掛了一塊「請勿打擾」的牌子。由於男性需要X全部的一千五百個基因才能活，他又只有一個X染色體，如果掛起請勿打擾的牌子的話，是自掘墳墓，所以X的沉潛從來不會在男生身上出現。因為男生從他母親身上得到X染色體，所以所有的男生都是「媽媽的寶貝」。

他姐妹的基因就複雜多了，所以科學家就想知道誰來決定這牌該掛在誰身上。結果答案出乎意料之外。**沒有人決定**，在發展中的女性胚胎內，有些牌子掛在媽媽的X上，它隔壁的又掛在爸爸的X上。到現在為止，好像沒看到什麼規則，似乎是隨機安排的。這表示在女性胚胎中，活化或不活化的媽媽和爸爸基因像拼圖一樣，隨機分布在其中。這些爆炸性的發現描述了第一個基因層次的男女性別差異。

那X染色體中，一千五百個基因大部分的功能是什麼呢？它們掌控著我們怎麼思考。二〇〇五年人類基因序列排定，有一大部分的X染色體基因跟大腦相關功能的蛋白質製造有關。有一些跟高層次的認知功能有關，從語言能力到社交能力到某些智慧型態。研究者把X染色體叫做認知的「熱點」（hot spot）。

基因的目的是製造分子，這些分子可以媒介它們所在細胞的功能，這些細胞集合起來就是我們大腦的神經結構，就像我們已經提過的皮質、海馬迴、丘腦及杏仁核。這就是我們接下來要討論的大腦的神經生理部分。

男女大腦結構的差異

當討論到神經生理，我們真正的挑戰是去找出不受性別染色體影響的結構。性別差異很容易在大腦裡發現，像是皮質和杏仁核，甚至是大腦細胞用來溝通的生物化學物質。

額葉與前額葉皮質控制我們大多數的決策能力。由男女科學家（我應該要特別指出這點）所組成的實驗室發現女性在這個地方的皮質比男性厚一些。在控制我們的情緒生活及中介某些形式學習的邊緣系統中也有性別差異，主要的差別位於杏仁核。正好與社會偏見相反，男性的這個區域比女性大。在大腦靜止不動休息時，女性的杏仁核比較常跟左半球聯絡，而男性的比較常跟右半球聯絡。

生物化學分子也有性別差異。尤其是調節情緒和心情的關鍵物質——血清張素。男性合成血清張素的速度比女性快百分之五十二（百憂解〔Prozac〕就是改變這個神經傳導物質的調節）。這些生理差異代表什麼？在動物身上，結構的大小被認為反映著生存重要性，在人類身上似乎也是如此。我們前面已經談過，小提琴家的左手在大腦運動皮質區佔的地方比較大，因為他們用得比較多。但是神經學家並不這麼認為。我們不知大腦區域的大小或神經傳導物質上的差別在行為上有什麼實質的意義。

行為上的差異

我其實非常不願意寫這一個章節，因為討論性別特定的行為有很長、很亂的歷史，大多數涉及這個問題的人都會被扣上帽子，不能全身而退，甚至連最好的學術機構都不能避免。桑默士（Larry Summers）曾是哈佛大學的校長，二〇〇五年當他把女性在數學和科學的成績比較低的原因歸因到行為遺傳學上，只得被迫下台。由下面橫跨幾個世紀的引言可以看到，性別的戰爭從以前一直打到現在：

> 女性是不舉的男性，因為她們天性就很冷無法製造精子。我們應該以畸形的男性來看女性，雖然這畸形是大自然發展路上正常的發生。
>
> ——亞里斯多德（西元前三八四—三三二年）

女生比男生更早站立及說話，因為野草都長得比麥子快。

——馬丁．路德（Martin Luther，一四八三—一五四六年）

假如他們可以使男人登上月球，為什麼不能把所有的男人都放到月球去？

——吉兒（廁所牆壁塗鴉，對前面馬丁．路德說法的回應，一九八五年）

從亞里斯多德到吉兒大約有二千四百年，但是中間好像沒有什麼改變。有人用水星和火星來比喻男女的不同，企圖把知覺到的差異延伸到對關係的處理。然而現在可是人類歷史上科學最有進展的時代。

我認為應該從統計上來讓數字說話。男女性在思考的方式上有不同，這是統計的結果。但是很多人一聽到這種統計的顯著差異就馬上以為這是在談論個人，例如他們自己，於是就強烈地反彈了，這是一個**大**錯。當科學家在看一個行為趨勢時，他們是不看個人的，他們看的是群體。雖然趨勢會出現，但許多的變異和重疊代表研究的統計數值永遠無法套用在個人身上。男性和女性思考某些事情的角度可能非常不同，但這跟你的行為完全是兩回事。

心智疾病

大腦病變證明了性染色體在大腦功能上以及大腦行為上的重要性，是最強的證據之一。

智能不足通常在男性中比女性中多，許多是因為X染色體中二十四個基因其中一個突變。因為男性沒有多餘的染色體，他就得承擔這個後果。假如女性的X染色體有病變，她可以忽略它，而用另一個取代。

精神科醫生很早就知道性別差異在精神病的種類和嚴重性上所扮演的角色。男性在精神分裂症上比女性嚴重得多，但是女性得憂鬱症的比例是男性的二倍多。這個數字在青春期過後一直維持五十年不變。男性有比較多的反社會行為傾向，女性比較焦慮。大部分毒品上癮和酒精中毒都是男性，大部分的神經性厭食症（anorexia）發生在女性身上。美國國家心理衛生研究院（National Institute of Mental Health）的英索（Thomas Insel）說：「我們很難找到其他任何一個因素像性別這樣能夠預測這些病變。」

情緒與壓力

一個小男孩跟他父母在散步時，被汽車輾過。這是一個可怕的情景，假如你看到，一定無法忘記。但是假如你**可以**忘記的話呢？大腦的杏仁核幫助你產生情緒及記住這個情緒記憶的能力。假如我們有個魔法偏方可以把這個記憶暫時壓下去的話呢？這個偏方的確存在，它使你看到男生和女生處理情緒的不同。

你可能聽過左腦、右腦什麼的，你可能也聽過這造成創造型和分析型的人的說法。這都是民間傳說，沒有科學根據，就好像豪華郵輪的左邊使船浮在水面上，右邊使船前進一樣的無稽之談。不過這並不代表左、右半球是相等的，右半球比較記得事件的主要大綱，左邊比較記得細節。

有位實驗者卡希爾（Larry Cahill）給男生和女生看殘忍的影片，然後掃描他們的大腦，他發現男生右半球和杏仁核活化得很厲害，左邊幾乎是無聲的；女生則是相反，在處理這種即時壓力的情境則是活化左邊的杏仁核，她們的右邊幾乎是安靜的。這是否代表男生在跟壓力有關的情緒經驗下記得比較多的大綱，相反地，女生記得比較多的細節呢？卡希爾想要找到答案。

有一種幫助遺忘的藥叫做心律錠（propranolol），它本來是調節血壓的，是一種β受體阻斷劑（beta-blocker），它也會抑制活化杏仁核的生化物質，使情緒經驗不產生。現在這種藥也拿來治療跟戰場殺戮有關的精神異常症。

卡希爾在給受試者看殘忍的電影之前，先讓他們服用心律錠，一個禮拜之後，測試他們的記憶，他發現男生果然忘記了故事的內容大綱（這是與沒有服藥的男性相比），女生失去了故事細節。但是我們一定要小心解釋這些數據，這個結果是在壓力情況下，情緒經驗的記憶，不是一般性的細節和大綱。這不是會計師和空想家之間的戰爭。

其他的實驗室也得到同樣的結果，他們發現女性對情緒的自傳性細節記得清楚、快且有力。女性描述情緒性重要事件的記憶比男性生動得多，如第一次約會、最近一次的吵架或是度假時發生的事等等。其他實驗發現女性在壓力之下，會著重把她的孩子照顧好，而男性比較會退縮到他自己的世界中。這種女性的傾向稱為照顧和協助（tend and befriend）。這是先天或後天形成的？就如哈佛已故演化生物學家古爾德（Stephen Jay Gould）曾經說過的：「在邏輯上、數學上和哲學上不可能將它們分開。」

口語溝通

過去幾十年，行為學派專家泰南（Deborah Tannen）和其他研究者曾經在溝通時口語能力上的性別差異做過一些有趣的實驗。可以用一句話來總結：「女性口語能力比較好。」

女生往往用左右兩邊的腦來處理口語訊息，男生主要只用一邊；女生在連接兩個腦半球的胼胝體比較厚，男生比較薄；就像女生有個備用的系統而男生沒有。研究者認為，這些神經生理上的差異可以用來解釋，為什麼語言和閱讀的困難發生在男生身上的機率比女生多兩倍。在中風以後，女生恢復語言的能力也比男生快。

進入學校後，女生在詞彙上、溝通上比男生好。她們在口語記憶作業、語文流暢作業（譯註：這個作業就是給你一分鐘，請盡快地說出S字母開頭的字或任何字母開頭的字）及口齒清晰作業上，表現都比男生好。這些小女孩長大後，她們在處理口語訊息上還是比男生強。上述這些數據都跟社交情境有關，這是為什麼古爾德的話那麼有幫助（譯註：女生比較會交朋友，會注意到朋友的需求）。

泰南花了很多年的時間觀察及拍攝下男女生如何跟他們最好的朋友交談。她想知道如果在童年期可以看到的型態，到大學時期是否也會看到。結果她發現這個型態是很穩定、可預測的。我們長大後，跟人交談的方式，直接來自我們小時候跟同性別孩子互動的結果。泰南的發現主要在三方面：男生女生各自如何發展堅固的友誼、在同性別團體中如何協商地位，以及長大成人後，這些根深柢固的型態會如何與性別刻板印象產生衝突。

堅固的友誼

當女生跟她們的好朋友說話時，她們會往前傾，眼神持續接觸，熱切地說話。她們用自己拿手的語言來鞏固友誼。男生從不這樣做。他們很少直接面對彼此，他們喜歡並肩說話，大家都看前方或某個角度，他們很少眼神接觸，眼光在室內流轉，看東看西就是不看對方。他們不用口語去鞏固他們的友誼，在小男生的社會經濟中，動作是最主要的流通貨幣，他們喜歡一起做一件事，一起打球、一起探險，這個一起的動作將他們的友誼黏在一起。

我的兩個兒子，約書亞和諾亞，從小就玩「誰可以做什麼做得最好」的遊戲。約書亞會說：「我可以把球丟到天花板上。」他就試著用力把球拋向天花板，然後兩個人就笑。諾亞會把球撿回來，一邊丟球一邊說：「誰說的？我可以把球丟向天空，比你高。」這個輪流挑戰，會跟著笑聲一直持續下去，直到他們到達「銀河系」或「上帝」無法再比高為止。

泰南在每個地方一致地看到這個型態。但是女生是不同的，小女生會說：「我可以把這個球丟到天花板上。」她就拋了，她和她妹妹會一起笑，另一個把球撿起來，也拋上去說：「我也可以。」然後她們就會說她們兩人都可以把球丟得一樣高真是太棒了。這種型態一直繼續到成年都如此。很不幸地，泰南的數據被解釋為：「男生愛競爭，女生肯合作。」其實，從上面例子你會看到男生非常地合作，只是他們透過競爭來合作，來探索他們最喜歡的身體活動。他們的遊戲方式是他們鞏固友誼的方式。

協商地位

當男生進小學時，他們終於開始用他們的語言技巧了：他們把它用來協商他們在團體中的地位。泰南發現地位高的男生會對下面的人發號施令，甚至排擠比他弱的小男生。這些「領袖」不但發號施令，同時還確定這些命令有被執行。團體中其他強壯的成員會去挑戰他們的地位，所以在上位的男生很快就學會如何去消滅挑戰。這通常可以用命令來解決，這種階級在男生中非常顯著，地位低又弱小的男生是很可憐的。

泰南發現小女孩也有階級制度，但她們使用相當不同的策略來產生和維持階級性。語言溝通非常重要，因為說話的方式會決定關係的狀態。你「最好的朋友」是那個你會說祕密的人，說的祕密越多，彼此認同為「密友」的機率越高。女孩在團體中常故意不去強調地位。女生很少用上對下的命令方式說話，假如一個女生想要用命令的方式溝通，她馬上會被貼上「霸道」的標籤，在社交上被孤立，沒有人要跟她玩。女生通常是有人提議，大家討論，最後得出結論。只要多四個字就能區辨男女生溝通的差異。男生說：「做這個。」女生說：「讓我們來做這個。」

堅持風格，然後瓦解

泰南發現長大以後，這種使用語言的方式越來越被強化，他們進大學時，這種型態已經根深柢固，然後關於兩性溝通的問題就浮現出來了。

泰南說了一個太太和先生開車的故事。太太問：「你想要停車喝個飲料嗎？」先生不覺得口渴，回答：「不用。」她很生氣，因為她想要停下來喝水；他也很生氣，因為她有話不直說。在泰南的著作《男女親密對話》（*You Just Don't Understand*，中譯本遠流出版）中解釋：「從太太的角度，她已經表現出對先生的關心，但先生沒有關心她的需求。」如果這個對話是在兩個女人之間會怎麼樣呢？口渴的人會問：「妳渴了嗎？」她的女性朋友因為一直都很熟悉這種說話風格，知道她真正想表達的是什麼，於是回答：「我不知道耶，妳渴了嗎？」然後她們就稍微討論一下是不是要到兩個人都口渴了才停下車買水。

這些社會敏感度的差異在職場也會發生。女性如果用男性那種領導方式會被看成是跋扈、有攻擊性，而男人做同樣的事卻被稱讚為敢作敢當、有自信。泰南最大的貢獻是讓我們看到這種刻板印象是早在小時候的社會化發展中就形成了，或許不平均的語言發展對它有點影響。這現象超越地理區隔、年齡，甚至時間而存在。泰南大學時念的是英文系，她在幾世紀前的手卷中就看到這個傾向了。

先天還是後天？

泰南的發現是統計上的而非全有或全無的現象，她發現很多因素影響語言的型態。小時候的生長背景、人格特質、從事的行業、社會階級、年齡、種族及出生序都影響我們如何用語言協調我們的社會地位。男生和女生打一出生所受的待遇便不同，他們也在累積了幾百年社會偏見的環境中長大。假如我們能把經驗和行為變得比較平等主義的話，那真是奇蹟了。

因為文化對行為有很大的影響，所以只從生物上去解釋泰南的觀察是太過簡化了；而大腦對行為也有很大的影響，只用社會的解釋也不夠。這個問題是先天或後天的影響？答案是：我們不知道。聽起來有些令人沮喪，當科學家找到基因、細胞與行為之間的關聯時，他們的發現還無法提供一座堅固的橋樑，只是一些基礎材料而已。如果假設這座橋樑已經搭建完成是很危險的，不信問問桑默斯就知道。（譯註：先天或後天是一個已經落伍的問題方式，請參見《天性與教養》〔*Nature via Nurture*，中譯本商周出版〕。）

新想法．新點子

找出情緒事件真正的事實

處理一個人的感情生活是老師和老闆最棘手的事情，他們需要知道：

1. 情緒是很有用的，它使大腦注意。
2. 男女性在處理某些情緒上是不相同的。
3. 這差異是先天和後天複雜的交互作用的結果。

在教室中試試看不同的性別排列

我兒子三年級的老師看到一個越來越惡化的刻板印象：女生在語言能力上傑出，男生在數學和科學上領先，而這些孩子才**三年級**而已！語言的部分她比較接受，但是她知道男生數學好並沒有統計上的支持。那麼，為什麼她會看到這種刻板印象的出現呢？老師認為部分原因可能出在課堂中的社會參與。老師在課堂中問問題時，誰最先舉手回答其實是很重要的，在語文課中，女生都會先舉手回答，其他女生也立刻用「我也會」來反應。這反應對男生來說是階層性的，女生通常知道答案，男生通常不知道，男生就會做出低階男生的反應：退縮。一個表現的鴻溝就馬上出現了。

在數學和科學課中，男生和女生都可能率先舉手回答問題，但是男生用「互相比高」的方式參加，想要建立一個知識性向的階層性，這包括打擊那些還沒有爬到頂的人，女生也在內。女生不曾被人如此無情攻擊過（因為這不是女生攻擊的方式），所以她會迷惑自己什麼地方不對了，而最後變得畏縮，不參與這個主題，表現的鴻溝又出現了。

老師把這些女孩找來，確認她觀察到的沒有錯，然後她要女孩們討論出該怎麼反應的共識。她們決定數學和科學課要分開上，不跟男生一起。因為以前大家都鼓吹男女合班，老師提出質疑這樣做會有效嗎？但是假如女生在小學三年級就失去了數學和科學的領地，她們以後就更不可能光復這個領域了，所以她就同意這樣做。結果發現，才兩週，中間的差異就不見了。（譯註：這是為什麼美國目前已有許多學校開始男女分校或至少先做到男女分班上課，因為教師在課堂中看到三十年前女權主義高漲時，要求男女合校合班所造成的錯誤。平等是機會的平等和薪資的平等，但教育要適性，應該要顧慮到男女學生在吸收資訊和資訊處理上的不同，詳情請參見《浮萍男孩》〔*Boys Adrift*，中譯本遠流出版〕。）

這個老師的經驗可以應用到全世界的教室中嗎？只有單一學校、單一課堂不是一個有效度的實驗。我們需要有更多堂課、更多不同背景的學生參與研究，為期更久才行。

男女成雙組隊的工作效能最佳

有一天，我在聖路易市（St. Louis）的波音領導培訓中心跟一群受訓中的未來執行長說話，在給他們看了有關男女性別上差異的重點和細節以後，我說：「有時女性被認為比較情緒化，從家庭到職場都是一樣。我認為婦女並沒有比其他人更情緒化。」我解釋女性比男性更能看到情緒視野中的細節，因為她視野中的數據點比較多，看得也比較清晰，所以女性可能接收的訊息就比較多，也就比較能夠做反應了。假如男性也有這麼多的數據點，他們也可能有這麼多的反應。兩個坐在後面的女性聽眾開始飲泣。等我講完以後，我問她們為什麼，以為我不小心得罪了她們。其中一個回答說：「這是我第一次在職業生涯中，覺得我不必為了我是誰而道歉。」

這使我想到：在我們演化的歷史中，假如我們有一個團隊是可以同時注意到主題和細節的，那麼在壓力的情況下，它一定可以幫助我們征服世界。為什麼企業要放棄這個利益？假如我們的執行團隊或工作團隊在壓力很大的專案中，可以同時了解情緒的森林又可以看到樹木，這不是最理想的嗎？

很多公司在訓練人才時，都會做情境的模擬。他們可以用一個男女混合的團隊跟一個只有單一性別的團隊進行同樣的專案；然後再找相同條件的另外兩個團隊，但是先教他們性別差異所導出的行為差異。答案有四種可能性。混合的團隊會表現得比單一的好嗎？有先教性別差異的在大腦運作上會比沒教的好嗎？你可能會發現主題／細節都有的團隊在生產力上表現得最好，至少它表示男生和女生在決策上是平權的。

想像一下這樣的環境：既注意到性別差異且懂得利用性別差異得出更好的結果。這樣一來，我們可以有更多女性加入科學界和工程界，我們也會打破公司的玻璃天花板（譯註：玻璃天花板是指看不見它的存在，卻阻礙你再往上爬，所謂無形的歧視，一般是對婦女極少數族群的升遷而言），我們能創造更好的公司，甚至創造更美好的婚姻。

總結
Summary

大腦守則 11

男性和女性的腦是不一樣的

★男性只有一個X染色體，而女性有兩個，所以她們有一個候補的。X染色體是認知的熱點，攜帶了很多跟製造大腦有關的基因。

★女性在基因上比較複雜，因為她們細胞中活躍的X染色體是爸爸和媽媽的混合，男性的X染色體只來自母親，而且他們的Y染色體只攜帶了不到一百個基因，怎麼跟有一千五百個基因的X染色體比較？

★男性和女性的大腦在結構上和生物化學上都不一樣，男性有比較大的杏仁核，製造血清張素比較快，但是我們不知道這個結構差異的意義究竟是什麼。

★男性和女性對急迫的壓力有不同的反應型態：女性會活化左邊的杏仁核，記住情緒事件的細節；男性用右邊的杏仁核，對事件的大意記得比較好。

第12章 | 探索

大腦守則 ⑫

我們是不屈不撓的天生探索者

我的兒子約書亞在小小的、無邪的兩歲年齡，被蜜蜂螫到了，我敢說他幾乎是活該。那是一個溫暖、有陽光的下午，我們在玩指東西的遊戲（譯註：這是一個很好的發展心理學上的遊戲，讓孩子知道每個東西的名稱，還有集合起來的總體名稱），他指一個東西，我就去看那個東西，兩人一起笑。我以前告訴過他不可以碰蜜蜂，因為可能會被螫，我們用「危險」這個字訓練他，只要聽見「危險」就得停止不做。那一天，在幸運草叢間，他看到一隻大大、毛絨絨的蜜蜂，手就伸出去了。我安靜地說「危險」，他順從地縮回了手。他指了遠處的樹叢，我們繼續先前的遊戲。

當我朝樹叢看時，我突然聽到一個一百一十分貝的尖叫聲。當我的眼睛朝樹叢看去時，約書亞偷偷地去摸那隻蜜蜂，結果就被叮了。約書亞用聲東擊西、調虎離山之計去做他想做的事，我被一個兩歲的娃兒愚弄了。

我一邊把他攬入懷，他一邊說「危險」。

我很難過地重複「危險」，給他冰敷，抱著他，一邊在想十年以後青春期不知會怎樣。這件事向一個父親宣告「可怕的兩歲」正式啟動。整件事回想起來卻令我微笑，兩歲孩子用來聲東擊西的心智方式跟他們長大以後發現太陽能或其他替代能源的心智方式是一模一樣的。我們是天生的探索者，即使這個習慣有時會令我們受傷，我們還是會義無反顧地去探索。這種探索的傾向非常強，它使我們終身都會去學習，但是你在年幼的孩子身上看得最清楚，通常是在他們最可怕的年紀。

研究者從嬰兒身上清楚看到人類怎麼習得訊息。嬰兒天生有很多訊息處理的軟體，他們用很特定的策略去得到訊息，很多策略一直保留到他們長大都還在用。你可以說，了解人類在幼兒期怎麼學習，你就了解人類在任何年紀怎麼學習。

我們以前並不是這樣想的。假如你以現在的大腦知識去跟四十年前的研究者討論，告訴他大腦天生有很多設定好的機制，他會很不屑地說：「你抽了什麼菸？大麻嗎？」比較不客氣的話就會說：「請離開我的實驗室。」這是因為幾百年來，大家都以為嬰兒是一張白紙。他們認為嬰兒所有學會的東西都是透過他和環境的互動，最主要是跟大人的互動學來的。這種看法無疑是來自工作過量、沒有生養過孩子的科學家。我們現在不會這樣想了。研究者現在從嬰兒身上看到人類（包括大人）如何去想每一件事。

嬰兒測試一切，包括你

嬰兒天生就有強烈需要知道他周邊世界的好奇心，這好奇心驅使他去探索。這種需要知道為什麼的需求強烈到科學家將它視為一種驅力（drive），就像飢餓、口渴和性一樣。所有的嬰兒都用主動測試他們的環境來蒐集訊息，就像科學家一樣，先作感覺器官的觀察，形成假設，再測試這些假設，把不對的剔除，最後得出結論。他們用一序列自我改正的想法去找出世界運行的規則。

出生四十二分鐘：新生兒會模仿

一九七七年，梅爾索夫（Andy Meltzoff）的研究震驚了嬰兒心理學界。他對剛出生的嬰兒吐舌頭，然後發現嬰兒居然會吐舌頭來回報他，他後來發現出生才四十二分鐘的嬰兒就會這樣做了。這個嬰兒從來不曾看過舌頭，不論是梅爾索夫或是他自己的，但是他知道他也有舌頭，跟梅爾索夫的一樣。他還知道假如他以某個特定方式刺激神經，他也可以把舌頭伸出來，從這一點就知道嬰兒是一張白紙的想法是非常不對的。

我在我兒子諾亞的身上試過這個實驗。他跟我的關係是從吐舌頭開始的。在他出生後三十分鐘，我們就以吐舌頭來聊天了。在他一週大時，我們的談話就已經成慣例，每一次我進他房間，我們就相互吐舌頭來打招呼。在他的部分是模仿，在我的部分是喜悅。假如我沒有先伸出舌頭，他就不會伸，雖然這個動作已經變得可以預期，因為每一次當他看到我，我都這樣做。

三個月後我太太帶著他來醫學院接我下課，我把他抱起來，貼著我，一邊回答學生的問題。我從眼角看到他期待地看著我，每五秒就動一下他的舌頭。我了解他的意思，就立刻對他吐舌頭，他很高興地馬上對我一直吐舌頭，每半秒鐘就做一次。我知道他在幹什麼。他先觀察（爸跟我都吐舌頭來打招呼），形成假設（我相信假如我對爸吐舌頭，他也會對我吐舌頭），執行這個假設（我對爸吐舌頭），評估他的實驗之後，改變他的行為（更頻繁地吐舌頭）。

沒有人教諾亞或任何嬰兒這樣做，而且這是一個持續一生的策略。你今天早上找不到眼鏡時，就假設它大概在浴室，然後去找。從腦科學的角度來看，它已經自動化到你根本沒有察覺你的大腦在一步步驗證假設；當你發現你的眼鏡躺在大毛巾上時，你完全不會想到它是大腦成功驗證假設的結果。

諾亞的故事只是一個例子，讓我們看到嬰兒如何用他們天生的蒐集訊息策略取得他們出生時所沒有的知識。我們也可以從破掉的東西、消失的杯子，和孩子大發脾氣中看到他們習得知識的策略和途徑。

十二個月：開始分析物體

不到一歲的嬰兒就會系統化地分析物體，他們會去摸它、舔它、把它撕開、把它放在耳朵旁邊聽、把它放進嘴裡嘗、踢它、把它給你，要你也放進你的嘴裡嘗。他們很嚴謹地在蒐集有關這個物體的所有知識，他們系統化地做實驗，看還可以對這個物體做些什麼。在我家裡，這通常表示打破它之類的行動。

這些以物體為導向的研究越來越複雜。在一個實驗裡，實驗者給嬰兒一支耙子，以及不遠處的一個玩具。嬰兒很快就學會用耙子把玩具攏過來玩。這不是創舉，每個父母都知道嬰兒會這樣做。在玩了一陣子後，他對玩具失去興趣了。但在這個實驗中，一次又一次，他們開始用耙子去對付玩具，把它推遠又拉近，你幾乎可以聽到他們大叫：「哇喔！這是怎麼回事？」

十八個月：看不見，但它還在那裡

小艾茉莉在十八個月以前認為東西只要一看不見就是消失了，她那時還沒有「物體恆常性」（object permanence）的概念，但是這很快就要改變了。艾茉莉在玩一塊抹布和一個杯子，她把杯子用抹布蓋起來，等了一下，再慢慢把抹布拉開。她很高興地發現，杯子居然還在那裡。她瞪著杯子看了一陣子，很快地又把抹布蓋上杯子，三十秒以後，她的手又去拉這塊抹布。重複這個實驗很多次以後，她慢慢地移開抹布，杯子**還是**在那裡！她開始快樂地笑了，現在她動作加快了，把杯子蓋起來，把抹布拉下來，重複又重複，快樂地笑聲越來越大。她現在發現杯子有**物體恆常性**了：即使這個東西不在你的視野之內，這個東西也不會消失。她可以重複玩這個遊戲半個小時以上。假如你曾經跟十八個月大的嬰兒一起玩過什麼的話，你知道要他們專注一件東西三十分鐘是個奇蹟，然而，全世界這個年齡的嬰兒都會因為發現了物體恆常性而重複驗證這個假設。

雖然這個看起來只是嬰兒版的躲貓貓（譯註：把雙手蓋住臉幾秒鐘，然後突然拿開手，讓臉露出來，嬰兒通常會快樂地大笑，發現你原來還在，這是我們做嬰兒實驗之前，暖身最好的一個遊戲），但是假如嬰兒不能玩，不知道物體有恆常性，在演化上是會致命的。物體恆常性是個重要的概念，假如你要在非洲的大草原上求生的話。你必須知道，即使劍齒虎突然蹲下來，隱藏在草叢裡，牠仍然存在著，那些沒有形成這個概念的人通常成為獵食者菜單上的美食。

十八個月：你喜歡的跟我喜歡的不一樣

嬰兒在十四個月到十八個月之間的差異是非常大的。大約十四個月時，他們認為全世界的人都跟他們一樣，如果他喜歡這樣，別人一定也喜歡。這可以用「幼童教條」來表示：

1. 假如我要，那就是我的。
2. 假如我給了你，後來我反悔了，它還是我的。
3. 假如我能從你那兒搶到，它就是我的。
4. 假如我們一起蓋一個東西，所有的零件都是我的。

5. 假如它看起來很像我的那個東西，那它就是我的。
6. 假如它是我的，它就永遠不可能屬於別人，不管怎樣它都是我的。
7. 假如它是你的，它也是我的。

到十八個月大時，嬰兒會發現上面的規則可能有些不對了。他們開始學習大部分新婚夫婦必須重新學習的金科玉律：假如你認為是這樣，就只是你認為是這樣。

嬰兒如何對這個新訊息做反應呢？用測試的方式，跟以前一樣。在兩歲前，嬰兒做了很多父母不願他們做的事；但是兩歲後，孩子會做很多事情「因為」父母不要他們做。很多父母認為孩子是故意挑戰他們的權威，你越不要我做，我越要做（我在替約書亞治療蜜蜂螫傷時，的確有這樣想），不過，這是錯誤的。這個階段只不過是出生後就開始的大自然探索計畫的延續而已。你把一個人的忍耐推到極限，然後看他怎麼反應。你一再重複這個實驗，把他們的忍耐力一次又一次推到極限，再看他們會怎樣。慢慢你會看到一個人慾望的邊界，及它與你的有多不同。

嬰兒可能對自己的世界很不了解，但是他們很知道如何得到他們想要的，這使我想起中國的格言：「給我一條魚，我可以吃一天；教我如何釣魚，我可以吃一輩子。」

嬰兒一年比一年揭露更多的大腦祕密

嬰兒為什麼要對你吐舌頭?神經地圖開啟了過去幾年的研究,使大腦科學家看到了模仿的神經機制。義大利帕馬大學(University of Parma)的三位神經學家在獼猴的大腦上放了探針,研究牠們拿不同物件時大腦活化的情形,然後把腦波記錄下來做比較。有一天,法加西(Leonardo Fogassi)教授走進實驗室,隨手從盒子裡抓了一顆葡萄乾放進嘴裡,突然之間,猴子的大腦開始興奮地活化起來,活化的型態是牠自己抓葡萄乾吃的型態,**好像是牠在抓葡萄乾吃**,但是猴子並沒有抓葡萄乾,是法加西在抓。

驚訝的研究者馬上做實驗重複這個現象,並把它延伸出去。這些研究後來發表成論文描述大腦中有「鏡像神經元」(mirror neurons),這是反映它周邊行為的神經元,只要一點點輕微的線索或提示就能使鏡像神經元活化。假如一隻猴子聽到別人在做某件事的聲音,而這件事牠曾經經驗過,例如撕一張紙,牠自己的鏡像神經元就立刻活化起來,好像牠在撕紙一樣。不久,研究者就發現人類也有鏡像神經元散布在大腦中,但是有一組是跟動作的辨認有關——如嬰兒伸出他的舌頭這種模仿的行為——其他的神經元則模仿各種動作行為。

我們同時也了解大腦的哪些區域跟我們不斷自我校正的學習有關。我們用右前額葉皮質預測錯誤,並回溯評估輸入的錯誤。前扣帶皮質(anterior cingulate cortex)在前額葉皮質的南邊，讓我們知道有不好的環境出現，我們要改變行為。我們一年比一年知道更多大腦的祕密，而嬰兒的研究告訴我們的知識最多。

學習欲望永遠不嫌多

毫無疑問地，我們是終身學習者。我是在華盛頓大學（University of Washington）做博士後研究員時開竅的。一九九二年，費雪（Edmond Fischer）和克瑞博斯（Edwin Krebs）共同獲得諾貝爾醫學獎，我很幸運地有和他們相近的研究領域和實驗室，就在同在一條走廊上。當我到華大時，他們都已經七十多歲了，我注意到的第一件事就是他們退而不休，不論是身體上或是精神上皆如此。每一天我都可以看到他們從走廊上走過去，談論他們的新發現，互換期刊閱讀，聆聽彼此的新想法。有的時候他們會帶著另一個人，不停地問他問題，也被他不停地問一些實驗的結果。他們像藝術家一樣有創意，像所羅門王一樣有智慧，像孩子一樣有活力。他們什麼都沒有失去，他們學術的引擎是全力在運轉，好奇心就是它的燃料。他們教會我一件事，我們的學習能力不因年紀而改變。

大腦一直保有可塑性

研究顯示大腦的設定是讓我們隨著年紀增長還能繼續學習。人的大腦有些區域一直保留可塑性，如同嬰兒的腦一樣，所以我們會長新的神經連結，會強化這些連結，還會生出新的神經元使我們可以終身學習。我們過去並不是這樣想的，直到五、六年前，我們還是以為一出生就已經有一輩子所需的神經元，隨著人的老化，神經元逐漸死亡。我們的確會因為年紀增大而失去一些突觸的連結，有人估計每天死亡三萬個神經元，但是大腦也會繼續補充學習相關區域的神經元。這些新的神經元跟嬰兒的一樣有彈性，可以學習新的東西。（譯註：讀者可以參見《改變是大腦的天性》（*The Brain That Changes Itself*，中譯本遠流出版）。）

終其一生，你的大腦一直保持因應經驗改變結構和功能的能力。

大腦為什麼要這樣做呢？依舊是因為演化的壓力。在非洲大草原不穩定的環境中，解決問題的能力很重要，但不是任何種類的終身學習。我們不會對自己說：「上帝，請賜給我書、學校和董事會，使我可以花十年來學習如何在這地方存活。」我們的生存並不決定於有組織的、事先計畫好的套裝訊息。我們的生存是決定於混亂、即時反應的蒐集訊息經驗。這是為什麼我們最好的本質是能夠從一序列自我校正的想法中學習的能力。「那條紅色上面有白色條紋的蛇昨天咬了我一口，害我差一點死掉。」是我們馬上可以看得見的觀察，於是我們更進一步推論：「假設下次再被這種蛇咬，同樣的事情還會發生。」這是一種科學的學習態度，我們經過幾百萬年的探索演化來的，這個態度不會因我們長大就不需要了。人的一生對地球歷史來說，不過彈指之間，但演化來的能力會長傳下去。

所以當我們年老時還是能夠繼續探索世界的。當然，當人老時，很多環境並不鼓勵老人有太多的好奇心，我很幸運，我的事業允許我有這個自由去選擇我的興趣，在那之前，我很幸運擁有我的母親。

帶著熱情，勇於好奇

我記得我三歲的時候，突然對恐龍產生興趣，我完全不知道我母親早已準備好了在等待。那一天，我家變成了侏羅紀的房子，牆上到處都是恐龍的圖片，地板上、沙發上到處都是恐龍的書，母親甚至煮恐龍餐。我們學恐龍說話，每天都笑得半死，很是快活。後來，突然之間，我對恐龍失去興趣了，因為有些同學對太空船、火箭及銀河系著迷。很奇怪的是，我母親又已經準備好了，房子立刻從大恐龍轉變成大爆炸。爬蟲類的圖片取下來，換上星球的，我會在浴室中發現衛星的照片，我母親甚至從洋芋片的袋子中拿到太空銀幣，而我很快收集到全套的太空幣。

在我童年中，這種事一再發生。我對希臘神話感興趣，母親就把我家轉換成奧林帕斯山，我對幾何有興趣，房子就變成歐幾里德的房子，然後是立體派藝術家、岩石、飛機等。到我八歲時，我已經著手設計如何改造我自己的房子了。

我十四歲時，有一天，我跟母親宣布說我是無神論者。她是非常虔誠的教徒，我以為這個宣告一定對她打擊很深，想不到她只是說：「這很好，親愛的。」好像我剛剛說的是我不再喜歡炸玉米片和起司了。第二天，母親叫我到廚房的桌子旁坐下，她膝上有一個包裹，她很冷靜地說：「我聽說你現在是無神論者了，是嗎？」我點點頭，她微笑地把包裹放到我手上，「這是尼采（Friedrich Nietzsche）的書叫《偶像的黃昏》（*Twilight of the Idols*），假如你要做一個無神論者，就要做最好的，好好享受這本書！」我呆住了，說不出話來。但是我了解到一個強有力的訊息：好奇心本身就是一件最重要的事，我有興趣就該讓我去探索。我到現在還關不掉好奇心的水龍頭，中年了還敢去追求未知。

大部分的發展心理學家認為孩子求知的需求是像鑽石一樣純潔、像巧克力一樣吸引人的驅力。雖然認知神經科學並沒有對好奇心下定義，我絕對同意它是像鑽石一樣純潔的驅動力，我堅決相信，假如我們允許孩子從小保留他的好奇心，他會繼續發展天性去探索直到一百零一歲。這是我母親本能就知道的事，所以她盡量鼓勵我的好奇心。

對孩子來說，「發現」帶來快樂，就像一種會上癮的毒品，探索創造出更多發現的需求，也讓人感受到更多快樂。這是一個直接的回饋系統，假如允許孩子去滋養它，它會繼續到入學後。當孩大長大一點，他會發現，學習不但帶給他快樂，同時還帶給他優勢，成為某一領域的專家會給孩子帶來自信，敢去冒學術上的險。假如這些孩子沒有死在急診室，他們就可能拿諾貝爾獎。

我認為這個循環有可能會被打破。一年級的時候，孩子學會教育的意義是拿A，他們開始了解取得知識不是因為知識有趣，而是A可以替他們帶來一些好處。對知識的熱忱會被「我要知道什麼才可以拿到好成績？」所取代。但是我同時也相信，好奇心這個本能是強壯的，有些人會戰勝社會的訊息，去睡智慧覺，而且他們總是可以讓繁花綻放。

我祖父就是這樣的人。他生在一八九二年，活了一百零一歲，他可以說八種語言，曾經大起大落，到一百歲還住自己的家裡（自己修剪草坪），他一生精力充沛像個煙火，一直到他過世。在我們替他慶祝一百歲生日的宴會中，他把我拉到旁邊說：「你知道，萊特兄弟發明飛機和阿姆斯壯登陸月球隔了六十六年，」他搖搖頭說：「我出生的時候大家駕馬車，我死的時候，太空梭都出來了，那究竟是什麼東西？」他的眼睛閃閃發亮：「我這輩子沒有白活。」

一年以後，他過世了。

當我在思考探索時，一直想到他，我想到母親如魔術師般改造房子，我想到小兒子用舌頭來跟我打招呼，以及大兒子抑制不了好奇心去摸了蜜蜂。我在想，我們應該要鼓勵一生的興趣，尤其在我們的學校。

新想法·新點子

在個人層次上，我們應該要追隨心中的熱忱。但我也想要在更廣泛的層次看到改變，讓我們的環境可以真正支持一個人保持好奇心。

上班時的自由時間

有智慧的公司很重視探索的力量。舉例來說，3M、基因科技（Genentech）、Google都會讓員工每週自由運用百分之十五到二十的工作時間，可以到任何他們心智要去的地方。最終的財務成果證明了這麼做的好處：在Google，百分之五十的新產品，包括Gmail、Google News和AdSense都是來自這「百分之二十的自由時間」。Facebook、LinkedIn及其他科技公司則舉辦「駭客松」（hackathons）：就是「程式設計馬拉松」，讓程式設計者用創造出有趣的發明來贏得獎品。

在職場做中學

如果你能回到過去，回到第一所西方世界的大學，如義大利波隆那大學（University of Bologna），去參觀它的生物學實驗室，你會大笑出來，我也會。用今天的眼光來看，十一世紀的生物科學真是兒戲，它是星象學、宗教力量、死去的動物和臭的化學物質的混合。但是假如你到走廊去，看一下當時的教室，你不會覺得自己是在參觀博物館，你會覺得親切得像回到家一樣。它裡面有講台讓老師滔滔不絕地講課，環繞著講台有椅子，讓學生抄筆記，跟現在的教室沒什麼兩樣。這是否代表著應該改變一下了呢？

有些人想用問題導向（problem-based）或探索導向（discovery-based）的學習模式來駕馭我們天生的探索傾向，但兩者都缺乏實證的數據來支持是否有長期的效應。我希望能設計更多的醫學院後學位課程，最好的醫學院模式有三個部件：教學醫院、既看病又教學的老師，及研究實驗室，這是將複雜的訊息從一個大腦傳進另一個大腦非常成功的方式。學生持續跟真實世界的人接觸，到三年級時，學生可以有一半的時間在教室，另一半的時間在工作上學習。醫學院學生是被真正在看病的醫生教導，他們不但看病，同時還做研究。學生可以加入老師的研究專案中，學習做研究的方法。

下面是一個典型的經驗：臨床教授在傳統教室中上課，把病人帶到教室中說明上課的要點。教授宣布說：「請注意，這位病人有X病，症狀為A、B、C、D。」他開始上課，講授X疾病的生物學和病理學。當每個人都在抄筆記時，有個學生舉手了：「我看到了症狀A、B、C和D，那麼症狀E、F和G又怎麼樣呢？」教授說：「我們不知道。」這時你會聽到學生大腦中都在想：「讓我們去把它找出來呀！」這是人類醫學研究中最重要的一句話，「把答案找出來。」

這就是探索真正吸引人的地方，這種探索未知的力量有時強到你必須停止討論來阻止新的概念形成。當然，大多數的老師不會阻止學生討論，所以大部分的美國醫學院都擁有強有力的研究翅膀，載著醫學教育高飛。結合真實世界的需求和傳統教科書的教學，研究學程（research program）就誕生了。（編按：相對於傳統授課方式的「教學課程」（teaching program），「研究學程」需要學生主動發掘研究主題，制定研究方向。）

我心目中的教育學院是要教授大腦發展的，它也可以分成三個部件，像醫學院一樣。它有傳統的教室，有三種老師：傳統的老師，有執照、可以教幼兒的老師，及大腦科學家。大腦科學家在實驗室中教學，他們的目的只有一個：研究人類大腦如何在教學的環境中學習，然後主動在真實世界的教室情境中驗證他的假設。

學生所得到的學位應該是教育學院的**理學士**。未來的教育一定要知道人類的大腦如何習得新知，在第一年的學習結束之後，學生就要到附屬的小學去見習。

這個模式把演化來的探索需求考慮進去了，它教育出懂得大腦發展的老師，也創造出一個可以做真實世界研究的地方。我們迫切地需要知道大腦守則如何應用到我們的日常生活中，這個模式對其他的學術領域也是一樣重要，例如：商學院應該讓學生去實習真正經營一家企業。

學生也可以自己去創造類似的學習經驗，在唸書時就可以去尋找在業界實習的機會。

驚奇的感覺

我兩歲的兒子小諾亞跟我一起走去學前教育的幼稚園上課。他突然發現在水泥地上嵌了一顆發亮的小石頭，他停下腳步，專注地看，非常地高興，笑出聲音來。他又看到前面幾公分的地方，有棵野草奮力地從瀝青的縫探出頭來，他輕輕地去摸那棵野草，又笑了起來。諾亞注意到草旁邊有一隊螞蟻成一路縱隊在前進，他蹲下來，身體往前傾以看得更仔細一點。這些螞蟻在抬一隻蟲的屍體，諾亞拍拍手，驚喜得不得了。他注意到生鏽的螺絲釘，一點油漬，和一些灰塵粒子。十五分鐘過去了，我們才走了六公尺，我想拉他起來走，他不肯。我停下來望著我的小老師，心中在想，上一次我花十五分鐘走六公尺是什麼時候。

最偉大的大腦守則是我不能證明或不能舉出它的特性的，但是我全心地相信它。它就是我的兒子一直在告訴我的，好奇心的重要性。為了他及我自己的緣故，我希望教室的設計能把大腦考慮在內。假如我們可以重新來過，好奇心應該是拆除大隊和重建部隊最核心的部分，它是教育成敗的關鍵。

我永遠不會忘記這個時刻，我的小教授教他的父親，教育對一個學生來說，是什麼意思。我很感謝，也有點不好意思，活了四十七歲，我終於學會如何在街上走了。

總結
Summary

大腦守則 *12*

我們是不屈不撓的天生探索者

★嬰兒的學習是我們如何學習的典範——他們不是被動地對環境做反應，而是透過觀察，主動地形成假設，驗證他的假設，最後得到實驗的結論。

★大腦有特定的區域使這種科學研究法得以發生。大腦的前額葉皮質負責尋找我們假設中的錯誤（「劍齒虎不是無害的動物」），它附近的神經細胞告訴我們要改變行為（「快跑！」）。

★我們可以辨識及模仿行為，因為我們大腦中有鏡像神經元散在皮質各處。

★大腦有些地方像嬰兒的腦那樣有可塑性，所以我們會長新的神經元，學習新的東西，我們可以終身學習。

作者網頁
www.brainrules.net

https://vimeo.com/93047406
本書作者約翰・麥迪納
解釋增訂版為何要新增〈音樂〉章節

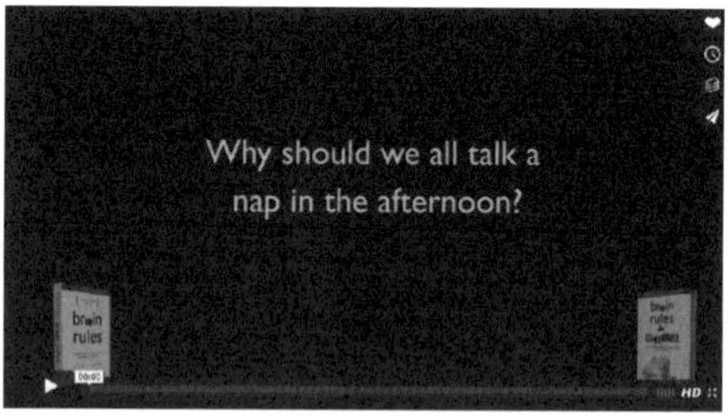

https://vimeo.com/93047638
麥迪納說明為何我們需要午睡

更多影片與本書相關豐富訊息，
您都可以在 www.brainrules.net 上找到

國家圖書館出版品預行編目（CIP）資料

大腦當家 / John Medina作 ; 洪蘭譯. -- 二版. -- 臺北市 : 遠流, 2017.02
面； 公分
譯自 : Brain rules : 12 principles for surviving and thriving at work, home, and school
ISBN 978-957-32-7947-1（平裝）

1.腦部 2.神經生理學 3.知覺 4.通俗作品

394.911 105025637